LES

VINS ALIMENTAIRES

CONSIDÉRÉS

AU POINT DE VUE HYGIÉNIQUE

GUIDE

DU

CONSOMMATEUR

PAR

GUILLORY AINÉ

« La composition des vins, leur rôle dans la nutrition, leur emploi selon les âges, les imminences morbides, les maladies : voilà des sujets qui ont été abordés par des chimistes et des médecins expérimentés . . . .

» . . . La composition des différents vins étant connue, on a des bases rationnelles pour leur classification et des moyens assurés pour reconnaître leurs falsifications, et par conséquent pour les prévenir. »

A. BOUCHARDAT (*Rapport au Ministre sur les progrès de l'hygiène en France.* — Paris, imprimerie impériale, 1867.)

ANGERS

E. BARASSÉ, IMP.-LIB.

Rue Saint-Laud, 83.

PARIS

LIBRAIRIE AGRICOLE

Rue Jacob, 26.

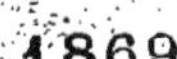

1869

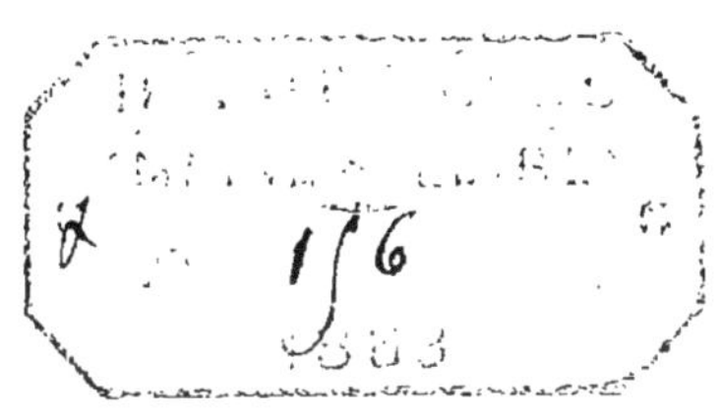

LES VINS ALIMENTAIRES

CONSIDÉRÉS

AU POINT DE VUE HYGIÉNIQUE.

3529

25175

LES

VINS ALIMENTAIRES

CONSIDÉRÉS

AU POINT DE VUE HYGIÉNIQUE

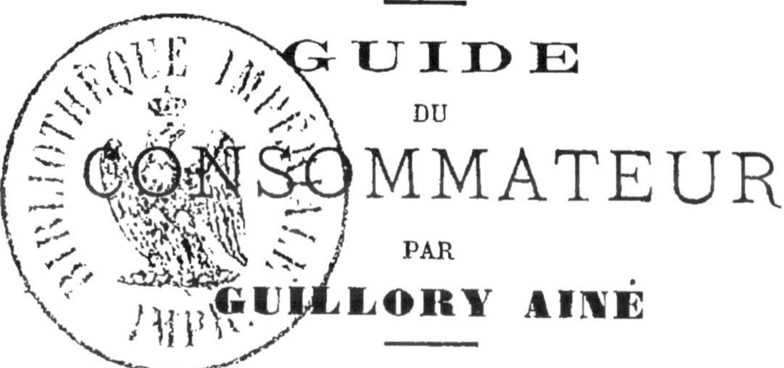

GUIDE

DU

CONSOMMATEUR

PAR

GUILLORY AINÉ

« La composition des vins, leur rôle dans la nutrition, leur emploi selon les âges, les imminences morbides, les maladies : voilà des sujets qui ont été abordés par des chimistes et des médecins expérimentés . . . .

» . . . La composition des différents vins étant connue, on a des bases rationnelles pour leur classification et des moyens assurés pour reconnaître leurs falsifications, et par conséquent pour les prévenir. »

A. BOUCHARDAT (*Rapport au Ministre sur les progrès de l'hygiène en France.* — Paris, imprimerie impériale, 1867.)

ANGERS

E. BARASSÉ, IMP.-LIB.

Rue Saint-Laud, 83.

PARIS

LIBRAIRIE AGRICOLE

Rue Jacob, 26.

1869

PRÉFACE.

La plupart des auteurs qui se sont occupés du vin ont reconnu ses qualités bienfaisantes ; mais il en est peu parmi eux qui aient cherché à apprécier l'influence que cette boisson devait exercer sur la santé et pressentir tout le parti que l'hygiène pouvait tirer des qualités si variées des vins fournis par nos vignobles.

Cependant quelques œnologues, à des époques diverses, se sont plus ou moins préoccupés de l'influence des vins sur le tempérament ; et c'est en réunissant les renseignements épars que j'ai cherché à élucider cet intéressant sujet, pour le signaler à l'attention de tous.

Dès 1861, *je publiais, à propos* des progrès de la consommation des vins rouges (1), *des*

---

(1) Les vignes rouges et les vins rouges en Maine-et-Loire, pages 58 et 59.

considérations tendant à démontrer que ce fait n'était pas seulement le résultat d'une fantaisie passagère, mais la conséquence logique de l'expérience. Je signalais alors le mode différent d'action hygiénique des vins blancs et des vins rouges.

En 1868, *je repris cette question et traitai spécialement* des vins rouges au point de vue de l'hygiène (2). *Les encouragements que me valurent ces essais, me déterminèrent à suivre la voie dans laquelle j'étais engagé et à donner dans le* Journal de viticulture pratique *une série d'articles, sous ce titre : Des vins au point de vue de l'hygiène.*

De savants praticiens auxquels je fis part de la continuation de mes recherches, me conseillèrent de réunir tout ce que j'avais recueillis sur ce sujet.

J'hésitais cependant encore, craignant que des conseils empreints de trop de bienveillance,

---

(1) Calendrier du vigneron, 2e édition, pages 58 et suivantes.

ne me fissent attacher à mon travail plus d'importance qu'il n'en méritait. Je m'adressai alors à M. le docteur Jules Guyot, dont la compétence dans ce cas était si bien indiquée, et je sollicitai ses lumières et ses bons avis avant de me déterminer à prendre une résolution.

La réponse du digne docteur ne se fit pas attendre. Il m'écrivit : « J'ai lu avec un vif intérêt tous vos articles sur l'appréciation des vins, et en vérité je ne puis qu'applaudir sans pouvoir vous dire rien qui me semblerait mieux. Quant aux qualités hygiéniques des vins, vous les connaissez aussi bien que qui que ce soit. M. Bouchardat en a parlé dans ses cours et dans ses écrits avec une grande autorité. En ce qui me regarde, j'en ai dit ma pensée sous toutes les formes, mais elle va encore plus loin que je n'ai osé l'exprimer.

» Il y a des ressources immenses dans le vin comme hygiène, depuis les vins ordinaires jusqu'aux vins de liqueur. En affirmant sa supériorité sur toutes les boissons fermentées, vous êtes assuré de ne pas vous tromper. »

Mon très-estimé confrère de la Société impériale et centrale d'agriculture de France, M. le docteur Bouchardat, l'éminent professeur d'hygiène de la faculté de médecine de Paris, l'auteur si justement célèbre de nombreux ouvrages d'hygiène, de thérapeutique et de pharmacie, a bien voulu, lui aussi, m'aider de ses conseils et m'indiquer, en dehors de ses propres travaux, plusieurs sources importantes auxquelles j'ai pu puiser de précieux renseignements.

On comprendra, sans peine, combien le bienveillant appui d'un savant aussi autorisé dans les sciences qui se rapportent à la médecine pratique et à l'hygiène, a dû être pour moi un puissant stimulant. Aussi, laissant de côté toute indécision, je livre à la publicité le résultat de mes études et de mes investigations.

INTRODUCTION.

Depuis les temps les plus reculés, les vins sont appréciés pour leurs qualités bienfaisantes et leur usage médical; aussi tous les auteurs anciens qui en font mention rendent-ils ce témoignage à la précieuse boisson.

Je trouve dans les causeries hygiéniques (1), sous ce titre : *le vin chez les anciens,* qu'Hippocrate y recourait habituellement, et qu'il distinguait avec un soin infini, au point de vue de leurs effets et de leur opportunité, les différentes espèces de vin.

Que les anciens connaissaient à merveille la supériorité hygiénique des vins vieux sur les autres. « C'est avec raison, dit Athenée à ce propos, qu'on préfère le vin vieux au nou-

(1) Le *Magasin pittoresque*, année 1868, pages 8, 298 et 330.

veau, tant pour le plaisir que pour la santé : il fait mieux digérer les aliments : comme les principes en sont plus atténués, il passe plus aisément. » (Liv., chap. XX.)

Les Romains attachaient une grande importance à la couleur du vin, en tant que faisant préjuger leurs qualités hygiéniques. Ils connaissaient les propriétés stimulantes et diurétiques des vins blancs ; et Hippocrate lui-même les a fait ressortir avec soin. « Le vin blanc, dit Athenée, est léger de sa nature, diurétique, chaud, digestif, mais il porte des fumées à la tête, grâce à la volatilité de ses principes. Le vin rouge est foncé et non douceâtre ; il est très-nourrissant, mais il a un peu d'astringeance. Le vin douceâtre est le plus nourrissant ; d'ailleurs, il affecte moins la tête. En effet, le vin doux se digère mal. » (Deipnos, liv. XI, chap. XII.)

Au reste, les médecins grecs et romains sont entrés, à propos de cet aliment, dans des détails extrêmement minutieux, comprenant bien qu'il s'agissait là d'un élément important du régime. On pourrait même taxer, jusqu'à un certain point, de subtilité quelques-unes de leurs distinctions sur la valeur hygiénique des différentes espèces de vin.

Nul écrivain, d'après Chaptal (1), n'a mieux fait connaître les justes propriétés du vin, que le célèbre Galien, qui vivait dans le IIe siècle de notre ère. Ce savant médecin a assigné dans ses écrits, à chaque sorte de vin, les usages qui lui sont propres, et indiqué la différence qu'y apportent l'âge, le climat, etc.

Erasme, à une époque plus rapprochée de nous, c'est-à-dire, au XVe siècle, au dire de Béguillet, dans son *OEnologie* (Dijon, 1770), ne pouvait se passer du vin de la Bourgogne qui, par la température de son climat, en fait une boisson salutaire, d'un usage aussi journalier et presqu'aussi indispensable que le pain au soutien de la vie. Erasme dit (épît. 38, liv. XX) qu'il se plairait fort à *Constance*, si les vins de ce pays n'étaient contraires à la santé; et il ajoute qu'il a eu le bonheur d'y trouver du vin de Bourgogne, pour le rétablir, et qu'il compte venir se fixer dans cette province, à cause de l'excellence et de la salubrité

(1) *Traité théorique et pratique sur la culture de la vigne et l'art de faire le vin*, t. II, p. 159.—Paris, 1801.

de ses vins, amis de l'homme et de la santé.

En 1665, la faculté de médecine de Paris, encore ignorante du vin de Bordeaux, vit soutenir une thèse publique par le licencié Arbinet : *Vinum belnense esse potum suavissimum sic et saluberrimum,* « à cause du sol, du regard du soleil et de l'approche du méridien, trois degrés plus que Rheims. » Voilà ce qui contribua, sans doute et non pas un échange de bonnes grâces, à faire ordonner le vin de Bourgogne à Louis XIV, vieux et malade, par Fagon, *ce médecin aux maximes énormes*, disait Boileau, poëte grognon et buveur petit. Cette préférence scientifique produisit le phénomène que nous avons vu se répéter dans un autre sens : elle fit délaisser tout à coup les vins de Champagne, et doubla le prix des vins de Beaune. Boire de ce que buvait le roi fut un devoir et un honneur; d'autant que la médecine garantissait le plaisir : *suavissimum et saluberrimum*....

C'est la vraie date de l'adoption générale du vin de Beaune. Princes et seigneurs n'en voulurent plus guère d'autre.... (1).

(1) *La Côte-d'Or à vol d'oiseau,* par Auguste Luchet, Paris, Michel Lévy, 1858, pages 119 et 120.

Voici comment s'exprime sur le même sujet, en 1600, Olivier de Serres, dans son *Théâtre d'agriculture*, à propos des vertus du vin : « Après le pain vient le vin, second aliment donné par le créateur à l'entretien de cette vie, et le premier célébré par son excellence. Il est employé non-seulement au vivre des hommes, mais aussi à la guérison de plusieurs maladies, avec admiration pour la diversité de ses effets. Car il échauffe le corps, mis en dedans par la bouche, et le refroidit, appliqué par dehors en cataplasme. Bu en petite quantité, éveille et fait revivre celui qui, par défaillance du cœur, se meurt ; et bu en grande quantité, endort et tue l'ivrogne ; devenant instrument de toute intempérance pour ceux qui en abusent dissolument ; et, au contraire, aiguise l'esprit, pris selon son légitime usage.... »

Le commerce des vins de Bordeaux avait pris sous la domination anglaise un développement considérable, et qui ne cessa de s'accroître depuis ; mais ce fut surtout vers le milieu du siècle dernier, que les nombreux navires armés dans le port de Bordeaux pour les deux Indes et la riche colonie de Saint-Domingue, transportèrent des masses de vins, qui s'y exportaient sous le nom de *vins de cargaison*, et qu'on ne considérait que comme vins d'outre-mer. Ce fut vers la même époque seulement que les vins de Bordeaux commençaient à être appréciés en France, où ils durent leurs premiers succès et leur brillante destinée à la propagande du maréchal de Richelieu. Ce grand seigneur, étant venu se reposer des fatigues de la guerre et de sa vie de débauche à son château de *Fronsac*, en Guyenne, dont il était gouverneur, s'y mit au régime en buvant les plus vieux et les meilleurs vins de sa cave. Il se trouva tellement bien de son régime, que son tempérament se fortifia d'une façon si merveilleuse, que lorsqu'il reparut à la cour pour ainsi dire rajeuni, il étonna tout le monde par son brillant aspect. Le maréchal, reconnaissant des prodiges qu'avait produits sur lui la vertu du vin de Bordeaux, le proclama partout, et cette boisson si salutaire devint promptement à la mode. Depuis lors, la réputation hygiénique de ces vins ne fit que s'accroître ; et le Bordeaux fit le tour du monde.

Quelques extraits d'une *Dissertation sur les vins,* par le célèbre praticien Nicolas Andry, médecin en chef des hôpitaux et doyen de la faculté de Paris, publiée en 1750, dans un Dictionnaire des aliments, vins et liqueurs, me paraissent devoir éclairer sur les connaissances acquises au milieu du XVIIIe siècle sur l'usage du vin, au point de vue de l'hygiène.

« La qualité propre du vin, dit M. Andry, quand on en use modérément, est de réparer les esprits animaux, de fortifier l'estomac, de purifier le sang, de favoriser la transpiration, et d'aider à toutes les fonctions du corps et de l'esprit ; ces effets salutaires se font plus ou moins sentir, selon le caractère propre de chaque vin ; la consistance, la couleur, l'odeur, le goût, l'âge, la sève, le pays, l'année apportent ici des différences notables.... »

« Les principaux vins de France sont ceux d'Orléans, de Bourgogne, de Languedoc, de Provence, d'Anjou, de Poitou, de Champagne, etc.... »

« Les vins d'Orléans sont vineux et agréables : ils n'ont ni trop, ni trop peu de corps ; ils fortifient l'estomac, mais ils portent à la tête et ils enivrent aisément. Pour les boire bons, il faut qu'ils soient dans leur seconde année. »

« Les vins de Bourgogne sont la plupart un peu gros, mais excellents. Ils ont pendant les premiers mois quelque chose de rude, que le temps corrige bientôt. Ils sont très-nourrissants, ils fortifient l'estomac et portent peu à la tête. »

« Les vins de Gascogne sont gros et couverts, peu astringents néanmoins. Ils ont du feu sans porter à la tête, comme les vins d'Orléans. »

« Ceux de Graves qui croissent auprès de Bordeaux, et qu'on nomme ainsi à cause du gravier de leur terroir, sont avec raison les plus estimés du pays. Ils ont un goût un peu dur, mais ce sont des vins qui enivrent moins que les autres, et dont la principale qualité est de fortifier l'estomac et les intestins. »

« Les vins d'Anjou sont blancs, doux et fort vineux. Ils se gardent assez longtemps, et sont meilleurs un peu vieux. »

« Les vins de Champagne sont très-délicats; ce qui est cause qu'ils ne portent presque point d'eau, et nourrissent peu. Ils exhalent une odeur subtile qui réjouit le cerveau. Leur goût tient le milieu entre le doux et l'austère. Ils montent aisément à la tête, et causent des fluxions, quoiqu'ils passent facilement par les urines. Ceux de la côte d'Aï sont les plus excellents. »

« Les vins de Poitou ont de la réputation, et ils méritent d'être estimés par le rapport qu'ils ont avec les vins du Rhin; mais ils sont plus crûs. »

« Les vins de Paris sont blancs, rouges, gris, paillets, tous chauds et secs, portant peu d'eau, et assez agréables au goût. »

« Les vins de Roanne flattent le goût et sont de plus fort sains, ce qui vient de leur position; car ils croissent sur des coteaux, dont la plupart regardent ou l'orient ou le midi, ce qui ne peut que les rendre excellents. »

« Les vins de Lyon qui croissent le long du Rhône, connus sous le nom de vins de rivage, sont vigoureux et exquis. Ceux de Condrieux surtout ne sauraient être assez loués pour leur bonté. »

« Les vins de Frontignan, de la Ciotat, de Canteperdrix, de Rivesalte, sont comparables aux vins de Saint-Laurent et des Canaries. Ils ne conviennent point pour l'usage ordinaire, et ils ne sont bons que lorsqu'il s'agit de fortifier un estomac trop froid, ou de dissiper quelque colique causée par des matières crues et indigestes. On en use aussi par régal, comme on use des vins d'Espagne. »

« Pour ce qui est de l'année, il faut y avoir beaucoup d'égard si l'on veut juger sainement de la qualité d'un vin. Celui de Beaune, par exemple, demande une saison tempérée, et celui de Champagne veut une saison bien chaude. Le premier est sujet à engraisser quand les chaleurs ont été grandes, et le second demeure vert après un été médiocre; il en est de même des autres vins; mais le détail serait inutile. »

L'illustre Chaptal, dont le nom est une autorité en pareille matière, fit paraître, en 1801, l'important ouvrage qu'il consacra spécialement à la culture de la vigne et à la vinification. Ministre, il s'était préoccupé, avec la plus grande sollicitude, de tout ce qui pouvait surtout contribuer au progrès de l'industrie et au bien-être des individus. Cependant il ne fit qu'entrevoir le côté hygiénique que présentait l'usage alimentaire du vin, ainsi que le prouve ses quelques citations à propos des opinions de Galien. Professeur de chimie à l'école polytechnique, membre de l'Institut et ministre de l'intérieur, on lui doit les plus heureuses applications de la science à l'industrie ; et, certes, s'il avait pu pressentir tout le parti que la santé publique et l'hygiène pouvaient retirer de l'usage du vin approprié au tempérament et aux fonctions digestives des individus, il n'aurait pas manqué de l'étudier à ce nouveau point de vue.

Voici seulement ce qu'on trouve dans l'œuvre du savant ministre : « La vertu du vin diffère par rapport à l'âge ou vétusté. Le vin récent est flatueux, indigeste et purgatif. Il n'y a que les vins légers qu'on puisse boire avant qu'ils aient vieilli. Les vins nouveaux sont très-peu nourrissants, surtout ceux qui sont aqueux et point sucrés. Ces mêmes vins déterminent aisément l'ivresse, ce qui tient à la quantité d'acide carbonique dont ils sont chargés. Cet acide, en se dégagcant de cette boisson par la température de l'estomac, éteint l'irritabilité des organes, et jette dans la stupeur. Les vins vieux sont en général toniques et très-sains ; ils conviennent aux estomacs débiles, aux vieillards, et dans tous les cas où il faut donner de la force. Ils nourrissent peu, parce qu'ils sont dépouillés de leurs principes vraiment nutritifs, et ne contiennent presque pas d'autres principes que de l'alcool. Les vins diffèrent encore essentiellement par rapport à la couleur ; le rouge est en général plus spiritueux, plus léger, plus digestif ; le blanc fournit moins d'alcool ; il est plus diurétique et plus faible ; comme il a moins cuvé, il est toujours plus gras, plus nutritif, plus gazeux que le rouge. Le climat, la culture, la variété dans les procédés de fermentation, apportent encore des différences infinies dans les qualités et les vertus du vin.... »

Jullien, dans sa *Topographie de tous les vignobles connus*, publiée en 1816, a posé les jalons les plus précieux pour diriger dans l'étude des qualités hygiéniques des vins. Cet excellent ouvrage, arrivé à sa 6e édition, fait inouï en œnologie, présente les renseignements les plus précis sur cette importante matière. Sa classification générale des vins de France est surtout une œuvre de grande utilité pour préparer à leur appréciation; aussi la Topographie de Jullien est-elle souvent mise à contribution par les écrivains œnologues; M. Victor Rendu notamment en a fait son profit, en reproduisant, dans l'*Ampélographie française*, toute la classification des vins de France.

Jullien s'est attaché à apprécier les qualités saisissables des vins, puis les a groupés par classes, divisions et sous-divisions, les comparant les uns aux autres, les rapprochant ou les séparant suivant les caractères qu'ils présentaient; il est ainsi parvenu à établir cette merveilleuse classification, qui, malgré les cinquante ans qui se sont écoulés depuis, a conservé toute son opportunité.

Dans l'impossibilité même d'analyser ici cet important travail, je crois devoir au moins en résumer les faits les plus caractéristiques.

En adoptant la division des vins rouges de France en cinq classes, Jullien en a merveilleusement simplifié la classification. Les trois premières classes comprennent les vins fins et demi-fins ; la quatrième, les vins ordinaires de première qualité, et la cinquième, ceux de seconde, de troisième qualité et les vins communs.

Dans la première classe, les vins de Bourgogne se distinguent par la suavité de leur goût, leur finesse et leur arome spiritueux ; ceux du Bordelais, par un bouquet très-prononcé, beaucoup de sève, de la force sans être fumeux, et une légère âpreté qui les caractérise ; les vins du Dauphiné ont quelque chose de la nature de ceux du Bordelais, beaucoup de corps et une partie du moelleux, du spiritueux des vins de Bourgogne.

Ceux de la deuxième classe, qui, indépendamment des crûs secondaires des vignobles de la première classe, comprennent les plus renommés de diverses autres contrées, se distinguent aussi : les Champagnes, par leur délicatesse, leur soyeux, leur finesse, et sont en général très-salubres ; les vins du Lyonnais, moins corsés que ceux du Dauphiné, mais avec plus de légèreté et de vivacité ; ceux de l'Avignonnais ont beaucoup de feu, de finesse et d'agrément ; ceux du Béarn sont corsés, spiritueux et moelleux ; les vins de Roussillon ont plus de couleur, de force et de spiritueux, mais moins de finesse et de bouquet, sont employés plutôt comme toniques que comme vins de table.

La troisième classe comprend, tout d'abord, les crûs des mêmes vignobles que les précédentes classes, dont les vins ne diffèrent que parce qu'ils sont moins parfaits ; parmi, se trouvent encore des Bourgognes, des Bordeaux et des Champagnes; des Dauphinois qui ne leur cèdent pas en qualité; des vins fins du Languedoc, qui, au bouquet près, ressemblent un peu à ceux de la haute Bourgogne ; puis ceux du Comtat-d'Avignon, de la Provence, du Périgord et de la Guyenne.

Les vins de la quatrième classe, dont quelques-uns bien soignés, acquièrent, en vieillissant, beaucoup de qualités et deviennent comparables à quelques-uns de ceux de la troisième, proviennent en partie des vignobles déjà cités, dont les crûs, moins parfaits, ne peuvent être compris que dans celle-ci; ils ont en général plus de fermeté et de grains, ce qui les rend susceptibles d'être mêlés avec une certaine quantité d'eau, et de conserver assez de goût pour former une boisson agréable. Ceux des départements dont se compose la Bourgogne, sont les plus recherchés pour la consommation journalière. Ceux du Bordelais ne le cèdent pas aux précédents. Les Champagnes, quoique moins connus, ne leur sont pas inférieurs en mérite. Ceux de la Touraine, de l'Orléanais et du Blaisois, sont assez estimés, quoiqu'ils n'acquièrent jamais autant de qualité en vieillissant. Les vins du Languedoc et du Roussillon, ceux de l'Auvergne et du Forez, du Périgord, de la Guyenne et du Quercy, viennent aussi apporter leurs appoints à cette importante catégorie.

Tous les vins inférieurs à ceux des crûs mentionnés dans les précédentes classes, entrent dans la cinquième classe. Les meilleurs de cette catégorie, comme de toutes les autres, sont ceux des vignobles déjà nommés, auxquels il faut ajouter ceux du Berry, de l'Auvergne, de la Bresse, etc.

Il n'est pas besoin de dire que dans chacune des classes dont je ne puis énoncer ici que les principaux caracteres, tous les crûs qui y sont répartis, y sont inscrits avec détail pour permettre de se fixer sur la nature de chacun d'eux.

La classification des vins blancs n'est pas traitée d'une manière moins magistrale dans le remarquable ouvrage de Jullien, mais je n'ai pas à m'en occuper ici, les vins blancs ne devant être traités dans ce travail que d'une façon tout à fait subsidiaire.

Je ne m'appesantis pas davantage sur cette intéressante classification entreprise par Jullien, surtout en vue de faire apprécier la valeur commerciale des vins. Je me bornerai à en citer dans le cours de cet ouvrage les extraits mentionnés par les auteurs auxquels j'aurai à faire des emprunts.

Je commencerai cette étude par des considérations sur l'état actuel des connaissances hygiéniques à propos des vins et de leurs effets dans la consommation.

J'indiquerai les modes d'action différents des vins rouges et des vins blancs, dus plutôt au mode de fermentation qu'à la couleur.

Je traiterai des coupages et mélanges de différents vins ; je dirai l'importance commerciale des vins qui en proviennent, et la part considérable qu'ils prennent dans la consommation des vins de qualités ordinaires.

J'aborderai ensuite l'important sujet, que je me propose de traiter, *les Vins alimentaires considérés au point de vue hygiénique ;* en m'aidant des travaux et des opinions des savants les plus compétents en cette matière, afin de suppléer autant que possible au manque de connaissances spéciales de ma part.

Ainsi, j'aurai recours à nos célèbres hygiénistes MM. Payen, de l'Institut ; Bouchardat, de l'académie impériale de médecine, et Gaubert ; aux docteurs Ferrier, Legendre, Fauré, Arthaud, Aussel, Jules Guyot, etc., afin de poursuivre plus sûrement la tâche que j'ai entreprise.

MM. le comte Odart, Ladrey, de Vergnette-Lamotte et autres œnologues me viendront aussi en aide ; et grâces à leurs beaux travaux, je pourrai, en outre, présenter quelques considérations sur les diverses modifications que subit la couleur des vins rouges aux diverses phases de la fermentation, et par suite de leurs vieillissements ; ainsi que des renseignements sur les soins à donner aux vins achetés en barriques, leur mise en bouteilles, leur conservation, ainsi que la manière de les servir.

PREMIÈRE PARTIE

CONSIDÉRATIONS GÉNÉRALES.

CONSIDÉRATIONS GÉNÉRALES

Hygiène populaire. — Le vin.

Le vin, pris en quantité modérée, aide à la digestion, fortifie l'estomac, augmente la chaleur, la transpiration, les secrétions, facilite la nutrition, donne du ton aux organes, de la vivacité aux muscles. Si on en boit un peu plus, il excite à la gaieté, agit sur l'imagination qu'il aiguise, amène des saillies, exalte les facultés intellectuelles, rend la vie plus agréable, mais plus courte. C'est dans la vieillesse que le vin est nécessaire pour ranimer les sens glacés par l'âge, la circulation ralentie, les muscles engourdis. L'enfance, la jeunesse doivent s'en abstenir, ou, du moins, n'en faire qu'un usage très-modéré, et ne le boire jamais pur, pour ne pas irriter des organes déjà trop actifs. Il serait bon de l'interdire aux nourrices. La quantité de vin à boire chaque jour est plutôt le résultat de l'habitude que du besoin, puisque le plus grand nombre des peuples ne connaît pas cette liqueur. On peut l'estimer à une demi-bouteille. On doit toujours préférer les vins faits aux vins trop récents, toujours plus capiteux et dès lors plus irritants, plus contraires.

L'usage habituel du vin est nuisible aux personnes délicates, grêles, échauffées, irritables, disposées aux maux de gorge, aux rhumes, aux chaleurs d'estomac et des entrailles, à la phthisie, aux hémorragies; il est surtout contraire dans les maladies fébriles, bilieuses, dans les inflammations. L'excès continu détruit l'estomac, l'appétit, engourdit, rend lourd, grossier, affaiblit les sens, dispose aux inflammations chroniques des voies digestives, au cancer, à la goutte, à l'apoplexie, au calcul, à l'hydropisie, qui est la fin la plus fréquente des ivrognes.

Le vin agit d'autant mieux sur le corps de l'homme, qu'il en fait moins d'usage. C'est ce qui explique pourquoi il réussit si bien chez l'indigent, à qui il suffit parfois d'en donner pour lui rendre la santé.

Le vin à administrer comme médicament doit être vieux, d'un bon crû, généreux et autant que possible peu capiteux, c'est-à dire qu'il doit contenir peu d'alcool, ou, du moins, celui-ci doit y être bien fondu. Tel est le vin de Bordeaux. On le donne dans la convalescence, quand il n'y a plus de symptômes d'inflammation. Les vins rouges sont moins excitants que les blancs. Dans les vins rouges, la matière colorante résineuse s'empare d'une portion assez considérable de l'alcool et neutralise, jusqu'à un certain point, l'action irritante que celui-ci va porter dans nos organes. Les vins rouges les moins excitants sont ceux du Rhin et ceux de Bordeaux. On leur attribue la propriété tonique par excellence. Ils contiennent beaucoup de tartre, de matière extentive colorante et du tannin.

Le vin blanc est surtout indiqué comme diurétique. Il est effectivement plus léger, chargé de moindres principes tartreux, salins, colorants, et passe plus facilement.

L'usage du vin blanc, le matin à jeun, est moins nuisible que celui de l'eau-de-vie.

L'usage peut seul décider de l'utilité du vin, si l'on doit en prendre ou s'en abstenir. On a remarqué que les enfants qui buvaient du vin avaient plus rarement des vers intestinaux (1).

Les vins à l'exposition universelle de 1867.

Les rapports officiels du jury international, ne faisant aucunes allusions aux qualités hygiéniques des vins qui formaient la riche collection de tous les vignobles de renom et de quelque importance réunis dans ses splendides galeries, j'ai cherché ailleurs s'il en avait été recueilli quelques enseignements, et mes recherches à ce sujet n'ont pas été entièrement

---

(1) *Hygiène populaire (notions d')*, par S.-B. Prieur. Moulins, 1845.

inutiles, puisque j'ai trouvé d'intéressantes appréciations dans les extraits suivants du rapport de M. E.-L. Beekwith, membre du jury international pour l'Angleterre, sur la classe 73 de cette exposition (1).

Avant d'examiner en détail les propriétés particulières des vins dans leur action sur la santé, je dois observer que les opinions sont excessivement divisées à ce sujet. L'appréciation de l'illustre Liebig est bien connue, mais elle n'est pas restée sans réfutation; et le docteur Spies de Francfort, consulté par moi à ce sujet, répondit à de nombreuses questions que je lui fis, après les avoir préparées avec soin : « Que de nombreuses années d'étude et d'expérience l'avaient amené à cette conclusion que *tout bon vin est bon, et tout mauvais vin, mauvais.* »

La question se réduit alors à demander :

---

(1) Ce remarquable rapport publié en septembre 1867, fut traduit de l'anglais par la rédaction du *Moniteur vinicole*, qui l'inséra en entier dans ses colonnes.

Qu'est-ce que le bon, qu'est-ce que le mauvais? Proposition aussi difficile à résoudre que celle de savoir ce que c'est que le goût ou l'esprit, quoique toute personne d'intelligence puisse se prononcer cependant, sans craindre de se tromper trop grossièrement sur ce qui est du goût et sur ce qui est de l'esprit.

Je laisserai à la faculté le soin de prononcer sur les qualités médicales du Champagne. Sa valeur comme médecine est affirmée, chaque année, avec plus de conviction par les médecins, cela n'est pas douteux. Il remplace souvent l'eau-de-vie, — ou, au moins, lui supplée, — en soutenant le système digestif dans le cas d'extrême épuisement. On l'ordonne fréquemment contre le mal de mer aigu, et je peux personnellement témoigner de sa puissance merveilleuse de réconfortion et sa faculté d'assimilation dans l'estomac, alors que cet organe ne peut retenir aucun autre liquide.

Quant aux qualités du Bourgogne de moyennes ou supérieures qualités, je ne puis consciencieusement accepter le rang élevé que quelques personnes veulent leur accorder ; sans chercher à méconnaître leur puissant bouquet, leur sève pleine, mûre, riche, corsée, leur magnifique couleur et leurs qualités stimulantes et fortifiantes, il n'est que juste de reconnaître qu'on ne peut impunément faire succéder un verre plein à un verre vide, et qu'ils sont des compagnons plus sérieux que gais, plus aimables que joyeux.

Le *Claret,* qu'on appelle sur le continent *vin de Bordeaux,* est de tous les vins français le mieux connu en Angleterre, et sa haute réputation est méritée sans conteste.

Ce n'est pas, cependant, comme luxe de de sybarite que je voudrais faire connaître le *Claret;* on peut, sans craindre de le trop louer, le déclarer le plus rafraîchissant et le plus fortifiant des vins, d'une digestion facile et même un auxiliaire utile à cette fonction. C'est une boisson doucement stimulante, d'une ivresse charmante, et qui, sous tous les rapports, confirme la définition des écritures : « Un vin qui réjouit le cœur de l'homme. »

Cet excellent rapport, rédigé spécialement en vue de l'Angleterre, se termine par des conclusions auxquelles j'emprunte aussi les passages qui se rapportent à mon sujet :

« Je ne voudrais pas terminer ce rapport, qui dépasse déjà les limites qui m'avaient été assignées, sans exposer en peu de mots combien il serait désirable, aussi bien au point de vue moral que physique, que l'habitude se généralisât de boire *des vins purs et naturels*, au lieu des mélanges hauts de goût, capiteux et qui provoquent une mauvaise ivresse.

» Je suis heureux de pouvoir appuyer mon opinion personnelle de celle de ceux qui font autorité dans cette matière. Le professeur Liebig expose ainsi les caractères du vin comparé aux spiritueux. *Le vin*, dit-il, *comme fortifiant, comme reconfortant, lorsque les forces sont épuisées, comme palliatif d'une digestion incomplète, comme moyen de prévenir les troubles passagers de l'organisme, le vin n'est surpassé par aucun produit de la nature et de l'art.*

» Et plus loin : Dans aucune partie de l'Allemagne, la valeur des fonds de pharmaciens n'atteint un prix aussi bas que dans les riches cités que baigne le Rhin ; car là, *le vin est la médecine universelle*, aussi bien pour les gens bien portants que pour les valétudinaires ; et pour les vieillards, *le vin vaut le lait.* — Quant aux spiritueux, Liebig dit que celui qui en fait usage, tire, si l'on peut ainsi parler, une traite sur sa santé, traite qu'il faut continuellement renouveler à cause de l'impossibilité où il se trouve de la retirer. Il épuise son capital au lieu de payer l'intérêt, et arrive comme résultat inévitable à la banqueroute de son corps.

Propriétés hygiéniques différentes, des vins rouges et des vins blancs, dues plutôt au mode de fermentation qu'à la couleur du vin.

Un sujet aussi grave ne pouvant être traité efficacement qu'à l'aide d'études spéciales et par des juges dont on ne puisse suspecter la compétence en pareille matière, je n'essayerai de le résoudre ici qu'à l'aide des opinions émises par les docteurs Jules Guyot (1) et P. Gaubert (2) dans des écrits justement estimés.

C'est en s'inspirant des faits affirmés par les savants qui se sont livrés à ces études, qu'on pourra plus facilement apprécier les effets salutaires que dans bien des circonstances il sera possible d'obtenir au profit de sa santé, de certains vins, plutôt que de tels autres.

D'après M. le docteur Jules Guyot :

« Le vin qui a fermenté en contact avec la rafle, la pellicule et les pépins, est très-différent du vin fermenté en dehors du concours de la rafle, de la pellicule et des pépins : ce dernier vin est *blanc*, l'autre vin est *rouge ;* et l'antithèse exprimée ici seulement par l'opposition de la couleur ne réside pas le moins du monde dans cette différence de couleur,

(1) *Culture de la vigne et vinification.* — 2e édition, Paris, 1864. 1 vol. in-12.

(2) *Les vins et les conserves à l'exposition universelle de 1855.* — Paris, 1867. 1 vol. in-8°.

qui n'est qu'un accident. La différence consiste dans les propriétés hygiéniques spéciales et souvent opposées de ces deux sortes de vins. On fait aujourd'hui des vins rouges qui ont toutes les propriétés hygiéniques des vins blancs, et l'on peut faire des vins blancs qui possèdent toutes les propriétés hygiéniques des vins rouges; il suffit, pour obtenir ce dernier résultat, de faire fermenter le moût des raisins blancs avec leurs pellicules, leurs pépins et leurs rafles, c'est-à-dire de les faire cuver comme les vins rouges; on obtient ainsi tous les effets d'une décomposition rapide et de la dissolution par macération des principes et des produits étrangers au jus du raisin. »

. . . .

« ..... J'insiste sur la distinction vraie des vins obtenus par la fermentation du jus de raisin, parfaitement isolé de ses accessoires, et des vins obtenus par la fermentation du jus de raisin, avec tous ses annexes ou du moins avec une partie de ses annexes, distinction tout à fait indépendante de la couleur.

» Rien n'est plus étranger et plus indifférent à la qualité des vins que la couleur. Elle peut être un signe, un indice, elle n'est jamais une qualité par elle-même. Pour la plupart des consommateurs, la couleur est une garantie de nature, de pureté et de force dans le vin. C'est parce que la couleur est en général regardée comme un signe de qualité, que le mauvais commerce s'en sert pour commettre des fraudes innombrables.

» Les vins blancs sont en général des stimulants diffusibles du système nerveux ; s'ils sont légers, ils agissent rapidement sur l'organisation, dont ils exaltent toutes les fonctions. Il semble qu'ils s'échappent tout aussi rapidement par les organes excréteurs de la peau et des muqueuses et surtout par les voies urinaires ; leur action est donc de courte durée.

» Au contraire des vins blans, les vins rouges sont des stimulants toniques et persistants des nerfs, des muscles, des fonctions digestives ; leur action organique plus sourde se prolonge davantage, ils n'exagérent ni la perspiration, ni les excrétions, et leur action générale est astringente, persistante et concentrée.

» L'opinion commune d'ailleurs, fondée sur une expérience journalière, ne laisse aucun doute sur la dissemblance constatée entre les effets sensuels et organiques des vins blancs et des vins rouges. »

M. le docteur Guyot ajoute plus loin, sous ce titre : *Qualités comparatives des vins rouges et des vins blancs :* « J'ai placé les vins blancs à la tête de toutes les sortes de vins, parce qu'en tout enseignement il faut procéder du simple au composé, et que les vins blancs sont le produit de la fermentation du pur jus des raisins.

» Je n'ai point prétendu par là qu'ils fussent supérieurs ou inférieurs aux vins rouges pour l'usage habituel, pour l'agrément et pour la santé de l'homme : les faits de consommation à l'intérieur et à l'extérieur de la France prouveraient facilement que j'aurais eu tort d'établir une préséance entre ces deux sortes de vins ; d'ailleurs c'est un tort que je n'ai jamais voulu me donner et que je n'ai point.

» Je l'ai déjà dit, les vins qui ont macéré avec tout ou partie de leurs accessoires, sont plus sérieux que les vins vierges, ils sont moins diffusibles et moins stimulants, mais aussi plus toniques et plus nourrissants : leur usage s'associe mieux que celui des vins blancs au régime alimentaire habituel, et lorsqu'ils sont produits par de fins cépages et par de vieilles souches, les vins rouges ne sont inférieurs à aucun autre vin pour l'agrément des sens et l'influence hygiénique.

» Mais comme les vins rouges comportent dans leur préparation l'association de matériaux essentiellement étrangers à la vinification proprement dite, et que par la présence de ces matériaux, la fermentation est surexcitée de façon à parcourir ses périodes en moins de temps et une température plus élevée que dans la confection des vins blancs, il est évident que l'étude des vins rouges doit être placée logiquement après l'étude des vins blancs et que la différence de leurs qualités et de leurs propriétés sera plus facile à comprendre si on classe ces vins méthodiquement.

» Les vins rosés et les vins bleus ou noirs sont des sous-genres des vins rouges ; leur préparation est la même dans ses éléments, elle ne varie que par la durée du contact des marcs et par la plus ou moins grande dissolution de leurs principes solubles. »

M. le docteur P. Gaubert s'exprime ainsi : « Si l'on a partagé en deux portions les raisins récoltés dans un vignoble des Graves de la Gironde, par exemple : que l'on ait fait de l'une du *vin blanc*, de l'autre *du vin rouge*, et qu'au bout de quatre ans on soumette à une dégustation comparative ces deux vins conduits et soignés jusque-là, avec toute l'attention que la nature de chacun réclame, qu'arrivera-t-il ? Formés d'une matière première, identique en apparence, seront-ils également faits, également mûris par le temps? Le vin blanc aura plus vieilli.

» Produiront-ils la même nature et le même degré de stimulation sur nos organes? — Recueillons les sensations éveillées par l'un et par l'autre dans l'ordre où elles se produisent : 1° un verre de vin blanc sec et bien fait, porté du vase qui le contient dans la bouche, y développe un arome vif et pénétrant, laisse en passant une impression très-agréable, il est vrai, mais légère et fugitive, quoique chaude. A peine en contact avec la surface de l'estomac, il y fait naître un sentiment de chaleur qui en moins de dix minutes pour certains organes sains, mais impressionnables, est des plus vives. Parfois les irradiations sympathiques réfléchissent son action de l'estomac vers la tête, avec la promptitude du fluide électrique. Le plus souvent, après une demi-heure ou une heure, le buveur éprouve la sensation, ou d'une pression sur les deux tempes seulement, ou d'une compression uniforme de toute la tête ; un instinct le porte à passer la main sur son front comme pour le débarrasser d'une gêne extérieure. Souvent un sentiment de plénitude douloureuse du cerveau accompagne ces effets. L'excitation se communique des centres gastriques et nerveux à toute l'économie : elle s'y manifeste par une calorification plus intense, souvent irrégulièrement répartie (chez les personnes irritables, la paume des mains devient d'une sécheresse et d'une chaleur importunes) ; par un besoin de mouvement, de déplacement plutôt que d'exercice (chez les personnes dont nous venons de parler, ce besoin de mouvement se traduit par une agitation interne, par des frémissements musculaires partiels qu'accompagnent des points douloureux frappant avec la vivacité de l'éclair les différentes parties du corps). Au bout de deux ou trois heures, plus ou moins, selon le tempérament et la susceptibilité individuelle, la somme d'excitation produite est usée, et le dégustateur se retrouve dans l'état où l'avait pris l'expérience commençante, avec ou sans un certain sentiment de courbature et de tristesse. 2° Si le vin rouge du même crû remplace le vin blanc ; pris à une température convenable, il laisse en passant, aux deux sens du goût et de l'odorat, l'impression très-distincte d'un arome doux ; sa fluidité dans la bouche est moindre, et quoiqu'il s'y applique plus matériellement, pour ainsi dire, il y laisse une sensation moins vive de chaleur sèche. Son contact avec l'estomac produit une impression plus douce et plus lente.

» L'organe s'échauffe encore, mais d'une manière plus vitale, pour ainsi dire. Quant à la propagation sympathique de l'action stimulante vers la tête, elle se produit toujours, mais sans les phénomènes nerveux de pression partielle, de points douloureux ; le cerveau est doucement excité. Son extension aux organes qui servent à la vie de relation, si elle a lieu, ne se traduit plus par un besoin de déplacement, d'agitation, mais par une disposition plus grande à l'exercice, ce qui est très-différent. La durée de la stimulation se prolonge davantage et elle cesse insensiblement, sans que l'observation la plus attentive puisse en signaler exactement le terme...

» Voici l'explication satisfaisante, selon nous, de la différence d'action qui s'observe entre le vin blanc et le vin rouge. Le premier (vin blanc de Graves), produit par une fermentation du moût séparé de la pellicule et des rafles, contient environ 4 ou 6 p. 0/0 de matière extractive et de tannin; le second, de 8 à 11 et 12 p. 0/0 des mêmes matières. C'est à cette différence entre les proportions des éléments austères et astringents dans les deux vins que nous attribuons leur manière d'agir différente.

» Dans le vin rouge, la pression de l'alcool sur le système nerveux de l'estomac est adoucie par l'interposition des matières extractives et toniques plus abondantes : elle se produit ainsi successivement avec lenteur. Dans le vin blanc, elle est à peu près immédiate, et par conséquent plus vive, de plus courte durée. »

Des Vins rouges.

La faveur méritée dont jouissent les vins

rouges, autant à cause de la mode qui les a adoptés et les fait rechercher, que pour les propriétés hygiéniques qui les font préférer aussi par les personnes impressionnables, a engagé à les multiplier le plus possible, non-seulement par leur production naturelle, mais encore par la coloration des vins blancs au moyen de procédés divers ; afin de donner à ces vins blancs l'apparence des vins rouges naturels, sans cependant pouvoir leur communiquer les qualités spéciales qui les font préférer.

En signalant au consommateur les diverses sortes de vins qui peuvent lui être livrées, il n'entre point dans ma pensée d'en déprécier aucune, mais bien de le mettre à lieu d'apprécier, suivant la nécessité dans laquelle il se trouve, s'il peut espérer de rencontrer, dans l'une plutôt que dans l'autre de ces espèces de vins, les qualités spéciales qu'il recherche à son point de vue particulier.

Les vins rouges livrés à la consommation peuvent se diviser en quatre catégories principales : *les vins rouges naturels ; les vins de coupages*, résultant du mélange des vins rouges et des vins blancs ; *les vins vinés* avec les alcools ; et enfin *les vins blancs coloriés artificiellement* par des substances étrangères au vin. Chacune de ces catégories pourra, en outre, être aromatisées de bouquets factices de Bordeaux, Médoc, Bourgogne, etc., dont il existe des fabriques considérables à proximité de nos grands marchés de vins.

Pour initier le consommateur au mérite relatif de ces diverses sortes de vins rouges, je passerai successivement en revue chacune de ces catégories, en faisant connaître autant que je le pourrai, l'opinion des auteurs compétents, sur le mérite de chacun d'eux.

LES VINS ROUGES NATURELS.

Les vins rouges naturels sont ceux qui, comme nous l'avons vu, ont été exclusivement cuvés avec la grappe entière, ou seulement, après l'égrappage, avec les grains de raisins et les pépins. La science œnologique nous apprenant aujourd'hui que le tannin du raisin se trouve plus spécialement dans la *tunique* du pépin et sensiblement dans la pellicule du grain de raisin, et non, comme on le supposait généralement autrefois, dans la rafle proprement dite, qui paraît agir plutôt mécaniquement dans la fermentation, que par sa composition chimique.

Ainsi, *les vins rouges naturels* sont ceux produits ainsi par fermentation toute spéciale et en cuve, fermentation à laquelle il n'est pas possible de suppléer, sans changer la nature des vins qui doivent en résulter.

Le savant professeur de la Faculté des sciences de Dijon, M. C. Ladrey, dans sa *Chimie appliquée à la Viticulture et à l'OEnologie,* donne cette curieuse explication des phénomènes de la coloration des raisins et des modifications que subit en vieillissant la couleur des vins.

« La matière colorante des raisins, qui, comme chacun le sait, existe dans les pellicules et est bleue à l'état de pureté, ainsi que le démontrent les expériences chimiques, devient rouge sous l'influence des acides; ce qui explique les changements de coloration que le raisin présente pendant sa maturation. Lorsque la matière colorante commence à paraître dans le verjus, les grumes sont rouges; mais à mesure que la maturation s'avance, la coloration augmente et devient de plus en plus foncée; elle paraît même complétement noire dans les raisins tout à fait mûrs. »

Quant aux modifications que la couleur des vins éprouve pendant leur conservation aux différents âges, voici comment l'éminent professeur les interprète, d'après les consciencieuses études auxquelles il s'est livré :

« Lorsque la fermentation s'est établie et qu'il s'est formé une petite quantité d'alcool, la matière colorante bleue contenue dans les pellicules commence à se dissoudre, et elle devient d'un rouge pâle, en présence de l'acide que le jus renferme.

» Ce phénomène se produit avec une intensité plus grande quand la fermentation est en pleine activité ; mais la proportion de la matière colorante augmentant, il n'y a plus assez d'acide pour la faire passer complétement au rouge, et le vin devient plutôt bleu que rouge ; il est souvent d'un rouge violet.

» A cette période succède la fermentation lente, pendant laquelle une certaine quantité de matière colorante se précipite avec le tartre, le ferment et la matière qui provient de l'acide tannique ; le vin après ce dépôt est moins foncé en couleur.

» En même temps, il se forme de l'acide acétique dont la présence augmente la proportion d'acide libre et donne par conséquent plus d'intensité à la coloration rouge du liquide.

» Enfin, nous devons signaler une dernière période, pendant lequelle le tannin, s'altérant d'une manière lente, donne une substance peu soluble qui se précipite avec la matière colorante, de telle sorte que celle-ci devenant de plus en plus faible, il peut arriver un moment où elle disparaît complétement, et le vin ne conserve plus qu'une légère teinte jaunâtre.

» C'est le propre des grands vins de pouvoir parcourir toute cette série de transformations sans perdre la droiture et la franchise de goût qui font un de leurs principaux mérites. »

Plus loin, M. Ladrey continue ainsi :

« Ajoutons, relativement à la coloration de nos vins, un fait que tout le monde a pu constater et que les considérations précédentes permettent de comprendre facilement. Avant que les vins vieux ne présentent cette couleur jaune, ils passent par cette teinte spéciale que l'on distingue sous le nom de rouge pelure d'oignon. Or, on sait que les matières colorantes bleues qui prennent une couleur rouge sous l'influence des acides faibles ou d'une petite quantité d'acide, prennent au contraire une couleur rouge pelure d'oignon quand on les met en contact avec un acide énergique ou une grande proportion d'un acide faible. Il n'est donc pas étonnant que, la proportion de matière colorante diminuant, celle de l'acide devienne prédominante, et que le rouge vineux fasse place au rouge pelure d'oignon, jusqu'à ce que, celui-ci disparaissant à son tour, le vin présente une teinte jaunâtre. »

LES VINS DE COUPAGES.

Pour ce qui concerne cette branche de l'industrie vinicole, qui a acquis tant d'importance dans ces derniers temps, je trouverai encore chez des auteurs justement considérés tous les renseignements propres à en faire apprécier la portée.

Le baron Rougier de la Bergerie, ancien préfet sous le premier Empire, membre du conseil supérieur et de la Société centrale d'Agriculture, me fournit les curieux détails suivants (1) :

« On ne sait point encore assez dans l'économie politique, ni dans l'administration, que les quatre cinquièmes au moins des vins *blancs* ne sont pas consommés *tels* sur les tables ;

(1) *Essais sur l'art de faire le vin*, extrait du cours d'agriculture. Paris. 1821.

il y a des nombreux et vastes vignobles qui ne font de vins blancs que pour le commerce, qui teint ou rougit ces vins avec du vin rouge éminemment coloré.

» Nos meilleurs docteurs en médecine n'oseraient pas affirmer que des vins ainsi mélangés seraient à la longue une boisson salubre ; ils déclareraient infailliblement que le meilleur vin pour l'esprit et le corps, est celui qui, après avoir subi une fermentation régulière dans la cuve, une seconde dans le tonneau, qui, après avoir été soutiré et bien dépouillé de sa lie, est consommé à la troisième ou quatrième feuille.

» Un tel mélange sans doute n'est pas une sophistication condamnable, comme ceux qu'on fait avec des graines du tournesol, avec des copeaux de bois de campêche ; mais ces docteurs diraient infailliblement que de tels vins coupés sont plus capiteux, moins substantiels et moins propres à une bonne digestion, et qu'il peut en résulter des atteintes sur les nerfs.

» Cependant, le bon Parisien, qui ne s'inquiète pas de savoir comment viennent les blés, les vins et les fruits, fait chaque année, et le plus méthodiquement dans le même mois, sa provision de vin de Mâcon, auquel il s'est voué, comme l'avaient fait ses pères. En vain les vignes gèlent et coulent dans le Mâconnais et le Beaujolais, et ne fournissent plus la capitale de son vin habituel et chéri, le consommateur ne s'aperçoit jamais d'aucune intempérie, des gelées, des insectes, etc. ; il a toujours et à volonté de l'excellent Mâcon ; et, ce qui est plus fort, toujours au même prix ; il n'a pas même la peine d'aller en commande, on le prévient, et, la jauge d'usage, à jour fixe, descend à domicile.

» Mais enfin, nous diront peut-être des pères de familles que des circonstances forceront de recourir à ces vins, ces vins coupés sont-ils bons ? Oui, sans doute ; ils sont même agréables, ils sont encore économiques, car ils portent bien l'eau ; ils sont tels enfin, ces vins coupés, qu'on s'accoutumerait difficilement à un autre vin qui serait pur et du vrai crù de Mâcon, lequel serait alors infailliblement ou trop bon ou trop délicat ; ce vin coupé est plus vif, il réveille, on se plaît même à en boire ; c'est ce vin, mais bien autrement coupé, qui abreuve le peuple dans les guinguettes hors de Paris : il aime ce vin, parce qu'il flatte et pique son palais, parce qu'il lui porte promptement de la chaleur dans l'estomac, parce qu'il lui fait plutôt oublier ses chagrins, parce qu'il l'enivre ; ce bon peuple de Paris, enfin, ne changerait pas un tel vin de 6 à 8 sous le litre, pour du vin vieux de Chambertin ou de la Romanée qui ne dit rien à son palais, à son estomac, ni à sa tête.

» L'opération économique du coupage des vendanges et des vins, est bien, dans toute la force du mot, *un art*. Le premier degré de cet art, que l'expérience œnologique a seule pu faire, c'est le mélange ou l'assortiment de raisins de différents cépages, de différents terrains, sites ou expositions. Cette première leçon nous a été donnée par les hommes du clergé, qui eux-mêmes l'avaient reçue du hasard ; ainsi, après avoir reconnu que des vins de dîmes étaient infiniment meilleurs que ceux des clos ou des bons vignobles du pays, on en est venu à l'idée que des raisins bien choisis, dans les vignes d'un sol différent, pourraient donner aussi un meilleur vin ; tel, les Bernardins et les Bénédictins s'en étaient fait un principe, qui a peut-être valu à l'ordre de Cîteaux la gloire d'avoir possédé le premier vin du monde.....

» Des savants et des chimistes peut-être jugent que tout vin blanc est identique, au moins par la couleur, et que tous sont propres à être coupés avec du vin rouge ; mais il n'en est point ainsi : le commerce a ses vignobles et ses cantons renommés pour les vins blancs destinés à cet emploi spécial ; il a de même ses vignobles de vins rouges, qu'il a jugés les plus propres à recevoir les vins blancs ; et le commerce a raison. Un vin blanc d'un crû trop substantiel, ou d'un autre trop chargé d'engrais, ne peut jamais se décharger assez pour laisser prendre au vin rouge une couleur nette et homogène ; et ce vin, ainsi allié, est prompt à graisser ; mais un vin blanc, qui vient d'un sol léger et crayeux, est excellent pour couper ; il donne aux vins épais et chargés du Midi une couleur vive et brillante ; ils semblent faits l'un pour l'autre, et, coupés dans de justes proportions, le vin est infiniment meilleur à boire qu'ils ne le seraient l'un et l'autre séparément ; en Bourgogne, le vin Saint-Brix a une grande réputation pour couper les vins rouges ; les petits vins blancs d'Anjou sont presque tous destinés à cet usage en France et dans l'étranger. »

Ces renseignements, quoique datant de près d'un demi-siècle, sont tellement circonstanciés et encore si exacts, que je n'y ajouterai que quelques extraits de publications récentes, pour les rendre plus actuels.

J'emprunterai le premier de ces extraits à un travail sur le *Coupage des vins*, publié en octobre 1865, dans le *Moniteur Vinicole*, par Louis Tavernier.

« En principe, le coupage est non-seulement une opération licite, mais encore il est utile, pour ne pas dire indispensable. Le coupage honnête et intelligent n'est que le corollaire de l'action du producteur. En effet, que fait celui-ci lorsqu'il reconnaît que tel cépage a certains défauts ? Il cherche un ou deux cépages dont les qualités compensent ou annihilent ces défauts, et, dans son travail de vinification, il combine les fruits de tous ces cépages dans des proportions que son expérience lui enseigne.

» Pourquoi donc le commerce n'agirait-il pas de même à l'égard des vins dont il corrige les défauts par des mélanges habilement étudiés ? Ici, tous les intérêts sont servis : celui du producteur, placé dans des conditions telles qu'il ne peut produire que certaines qualités de vins ; celui du commerce, qui tire parti de vins médiocres, et enfin celui du consommateur, qui obtient à des prix raisonnables des vins sains et agréables, au lieu de boissons qu'il n'eût pu boire dans leur état naturel. »

Les quelques lignes suivantes sont extraites du compte-rendu du dernier concours régional de Bordeaux, dans le *Journal d'agriculture pratique :*

« Tous les vins de Bordeaux n'ont pas vu le jour dans le Bordelais ; mais qu'importe, s'ils sont également sains et irréprochables ? Ils abondent des départements voisins, et, savamment transformés par des coupages intelligents, ils se métamorphosent dans les choix de l'ancienne capitale de la province, utile et innocente industrie qui permet d'ajouter à la qualité des vins inférieurs, tout en abaissant les prix des crûs supérieurs. »

A propos de l'exposition universelle et des *expédients* auxquels elle pouvait donner lieu, M. L. Maurial écrivait, dans le *Moniteur Vinicole*, du 30 janvier dernier, un article auquel je crois devoir emprunter les passages suivants, qui caractérisent bien plus encore les développements donnés de nos jours aux coupages :

« Nous sommes plus sévères à l'endroit des expédients. Ce terme exprime trop facilement la substitution du crû pour que l'on ne doive pas exclure non-seulement des vitrines de l'exposition, mais encore de toute l'enceinte du champ-de-mars, toute composition de vin qui tendrait à remplacer le vin véritable par des similaires, si parfaitement que l'imitation en soit faite.

» Les petits Bordeaux, composés de Narbonne, de Cahors, d'un peu de Palus ou de côtes quelquefois, et de vin blanc d'entre deux mers, seront, nous l'espérons, signalés pour ce qu'ils sont. Cet expédient de quelques et trop nombreux marchands de Bordeaux a trop duré pour qu'il n'en soit pas fait justice. La Gironde, ce riche, admirable et privilégié vignoble, a trop souffert dans la réputation méritée de ses inimitables vins pour n'être pas intéressée à stigmatiser ces faux Montferrand, ces faux Bourg, ces fausses côtes. Que cet expédient serve à satisfaire le goût de consommateurs à la fois orgueilleux et économes, c'est leur affaire ; mais que ces crûs apocryphes viennent spéculer sur la crédulité et attenter à la gloire du plus remarquable vignoble du monde, c'est ce qu'il faut empêcher. »

Je crois inutile de m'étendre davantage sur ce sujet pour faire comprendre toute l'importance du coupage des vins à notre époque. On a pu voir dans les pages qui précèdent que cette opération économique est arrivée à constituer un art véritable ayant ses règles et ses prescriptions. Les produits qui en résultent dépendent nécessairement du choix des vins que l'on associe et des proportions dans lesquelles les mélanges sont opérés : les meilleurs coupages étant ceux qui se rapprochent le plus des produits naturels les plus demandés. Mais il n'en est pas moins certain qu'ils ne peuvent, au point de vue hygiénique, valoir les vins *rouges naturels*, puisqu'une partie seulement des vins de coupages a subi le cuvage avec la grappe.

LES VINS VINÉS.

Le vinage est une opération qui consiste à verser sur les vins une certaine quantité d'alcool, soit au moment du premier soutirage, soit au moment de l'expédition. Le but de cette addition d'alcool est d'empêcher d'abord la détérioration du vin dans les celliers du propriétaire, et de le rendre transportable, sans qu'on ait à redouter la décomposition ou des altérations qui ne permettraient plus de le boire.

L'addition de l'alcool a permis de livrer au commerce, pour être employées à la consommation alimentaire, pendant les années disetteuses que nous avons traversées, des quantités considérables de vins communs du midi, qui avant la pratique du vinage étaient convertis en eau-de-vie; et c'est grâce à ces produits que les classes peu aisées ont pu se procurer facilement des vins potables et à prix raisonnables.

L'abondance ayant reparu dans tous nos vignobles, et les bons vins de toutes qualités ne faisant plus défaut, on s'est demandé si les petits vins vinés du Midi, dont on pouvait maintenant se passer, étaient hygiéniquement d'une parfaite innocuité ; et si l'alcool introduit dans le vin s'y assimilait bien complétement. Sur ce point, les avis sont partagés, ce qui paralyse en partie les ressources immenses que présentent les vignobles méridionaux pour l'approvisionnement des vins à bon marché.

LES VINS ROUGES COLORÉS ARTIFICIELLEMENT.

Cette quatrieme catégorie de vins rouges paraissant peu utilisée de nos jours, je me contenterai, à son sujet, de reproduire ce qu'en a dit M. A. Julien, dans la 7e édition de son *Manuel du Sommelier* :

« La liqueur que l'on extrait des *baies de sureau*, de celles de l'*hièbe*, de l'*orseille*, des *mûres* et des *prunelles*, est employée, dans quelques vignobles, à augmenter la couleur des vins les plus communs. On n'en met jamais dans ceux de bonne qualité, auxquels elle donnerait une âpreté désagréable. La seule préparation de ce genre qui paraisse dans le commerce, est celle connue sous le nom de *vin de fisme;* on la fait avec des *mérises*. On l'emploie fréquemment dans la préparation des vins rosés : quelques gouttes suffisent pour en colorer un litre.

» Le *Drapeau de tournesol* est une teinture tirée de la plante nommée *Maurelle*. Cette teinture est bleue, mais elle a la propriété de rougir sur-le-champ dès qu'on la mêle avec une substance acide quelconque...

» Quant aux *bois de teinture*, leur couleur ne résistant pas aux acides dont la présence est reconnue dans tous les vins, c'est à tort qu'on suppose que les marchands de vin en font usage.... »

Cette partie ne serait pas complète s'il n'y était question du *bouquet factice* des vins ; il me suffira, je pense, d'emprunter à un excellent journal, le *Moniteur vinicole*, le renseignement suivant pour faire connaître les services que rend journellement cette industrie au commerce des vins.

LES BOUQUETS FACTICES.

Nous recevons, depuis quelques jours, des lettres de diverses contrées qui nous demandent, les unes, des explications sur l'action des bouquets factices sur les vins; les autres, les conséquences morales qui peuvent résulter de cette addition.

Nous nous devons trop à l'intérêt de nos abonnés pour retarder plus longtemps notre réponse à des questions posées à ce double point de vue. Sans nous arrêter à ce que la question peut avoir de délicat pour nous, aux yeux des puritains vinicoles, nous y répondons franchement.

L'influence de certains bouquets sur des vins en nature, ou résultant d'un mélange de vins différents, s'exerce d'après la composition même du bouquet. Notre *office vinicole* en patronne deux, que nous prenons pour exemple : 1° l'œnanthine de Bordeaux et de Bourgogne communique aux vins sur lesquels on la répand un bouquet qui est particulier aux vins de l'une ou l'autre de ces illustres contrées; 2° la sève-arome du Médoc, d'après l'expérience qui en a été faite à la classe 73 de l'Exposition universelle, communique aux vins de la Gironde, du midi, du centre, et à un mélange de divers crûs, ce bouquet recherché des vins du Médoc. Son véhicule étant le cognac à 50 degrés, ce bouquet s'unit complétement au vin auquel il se fixe pour toujours.

Ces bouquets ont pour effet principal de permettre au fournisseur de livrer au consommateur du vin d'un goût presque toujours uniforme, quelle que soit l'origine du vin ou du mélange qu'il pratique d'ordinaire. On convient que la difficulté de faire accepter au consommateur un vin auquel il n'est pas accoutumé, ce vin fût-il meilleur que le précédent, est la pierre d'achoppement du fournisseur de vin le plus consciencieux. Les bouquets artificiels permettent presque seuls de tourner cette difficulté, car le goût et le bouquet sont toujours les principaux termes de comparaison auxquels les consommateurs se réfèrent. Voilà pour l'usage.

Mais voici l'abus : les conséquences morales de l'emploi des bouquets factices. Si un client ne songe pas à se plaindre lorsque son fournisseur lui livre son vin ordinaire meilleur ou plus agréable, il est en droit non-seulement de se plaindre, mais de demander réparation à la justice, si le bouquet a servi à vendre du vin ordinaire pour un crû véritable, et surtout lorsque le prix est basé sur le cours d'un crû estimé; ici il y a tromperie sur la marchandise vendue, et l'emploi du bouquet est en ce cas un abus coupable.

Donc, il est non-seulement licite, mais il est utile d'employer avec intelligence un bouquet qui rende le vin plus agréable, à la condition que le prix ne s'en élèvera que dans la proportion des frais déboursés pour ce bouquet et pour les soins que son introduction dans le vin aura nécessités. Mais on ne peut pas plus vendre le vin pour le crù que le vin opéré représente, qu'on ne peut livrer un vin coupé pour un vin d'origine renommée (1).

Après avoir recueilli des appréciations qui portent en elles un cachet non douteux de sincérité, il ne me reste plus qu'à en tirer brièvement les conclusions les plus importantes, que je résumerai de la sorte :

La couleur n'est pas une preuve de la qualité hygiénique des vins.

Les vins rouges cuvés avec toute ou partie de la grappe possèdent seuls les propriétés toniques et astringentes qu'on y recherche.

Les coupages des vins rouges et des vins blancs faits rationnellement, produisent, à des prix relativement modérés, des vins agréables et salubres.

(1) Extrait du *Moniteur vinicole*, n° 27, du 1er avril 1868.

L'opération du vinage permet de livrer à la consommation des vins potables et à très-bon marché; mais leur innocuité n'est pas complétement prouvée.

Enfin, les vins colorés artificiellement ont perdu toute leur importance depuis qu'ils sont presque totalement remplacés par les coupages

En présence de ces diverses natures de vins, il est regrettable de n'avoir aucun moyen pratique de les distinguer les uns des autres, et par suite d'en être réduit à rechercher, seulement dans leur origine et dans quelques indices peu certains, la garantie des qualités qu'on désire.

DEUXIÈME PARTIE

DES VINS

SPÉCIALEMENT AU POINT DE VUE DE L'HYGIÈNE.

DES VINS

SPÉCIALEMENT AU POINT DE VUE DE L'HYGIÈNE (1).

Ce sujet me paraît tellement important, que je crois devoir le traiter de nouveau, en empruntant surtout aux savants les plus compétents, les indications qui peuvent fournir d'utiles renseignements sur la valeur réelle d'une boisson dont l'usage tend de plus en plus à se généraliser, et dont, par conséquent, il est à désirer que chacun puisse apprécier à la fois les avantages et les inconvénients.

En me livrant à ce travail, qui m'a semblé

---

(1) Cette partie a déjà paru en une série d'articles dans le *Journal de viticulture pratique*, publié sous la direction de M. P. Le Sourd, numéros des 10, 25 septembre, 10, 25 octobre, 10 et 25 novembre 1868.

présenter un double intérêt, tant pour le producteur que pour le consommateur, j'ai pensé qu'en insistant près de l'un et en faisant connaître à l'autre tous les soins indispensables à la production et à la conservation des vins (qui par leur composition naturelle sont exposés à de nombreuses réactions et détériorations), ce serait un encouragement pour le producteur, dont on pourrait apprécier la sollicitude par la bonté de ses produits, et un motif de confiance pour le consommateur envers celui qui lui fournirait des produits irréprochables.

Ainsi que l'a si judicieusement exposé M. le docteur Jules Guyot, dans l'une de ses récentes publications (sur la viticulture du nord-ouest de la France), le consommateur seul a le droit de choisir ses aliments. Lui vendre du vin de qualité inférieure, viné et coupé, pour un produit supérieur, demandé par lui, c'est attenter à son libre arbitre, à la direction de sa propre santé, tout en usurpant la réputation d'un vignoble renommé au profit d'une industrie frauduleuse. Le savant viticulteur pose ces principes de délicatesse, de loyauté et de justice à l'égard de la production et de la consommation, parce que, dit-il, c'est sur le respect de ces principes que la réputation des vins de France et la richesse de la viticulture française se sont établies.

Quand l'acheteur est trompé, il y a souvent de sa faute, car il existe, dans tous les grands centres de production et de consommation, d'estimables maisons de commerce en vins, organisées de telle façon, qu'à défaut des propriétaires, elles peuvent fournir en confiance les vins des meilleures qualités, amassés et vieillis dans leurs magasins, où ils reçoivent les soins les plus intelligents et les plus attentifs.

En s'adressant à des négociants honorables, on peut parfaitement s'approvisioner chez eux, et avec la même sécurité que chez la plupart des propriétaires récoltants ; mais il faut, dans ce cas, bien se pénétrer d'une chose, c'est qu'il n'est pas possible au négociant qui se respecte, d'abaisser les prix des vins naturels qu'on lui demande, au nive des prix des vins imités par des coupag assortis, et qui souvent présentent même goût plus agréable.

On sera donc presque toujours cert d'obtenir les qualités de vin qu'on désir mais est-on bien sûr que l'espèce qu'on co somme est celle qui convient à son temp rament ; et quelle précaution prend-on à c égard ? Aujourd'hui qu'il est bien recon que la composition chimique des vins vari l'infini, suivant le climat, la nature du sol son exposition, ne serait-il pas bon d'ê renseigné sur le mérite hygiénique de chac d'eux ! Pourquoi ne chercherait-on pas à co naître la qualité du vin qui convient le mie à chaque constitution ? Pourquoi ne prendra on pas pour le vin qu'on consomme jou nellement des précautions analogues à cell qu'on prend pour le choix des eaux minéral et thermales qu'on ne boit que passagèr ment ; en sollicitant aussi à cet égard l conseils de son médecin, conseils qui seraie non moins utiles à l'égard d'un aliment qui doit exercer sur la santé une influence d'autant plus marquée qu'il constitue un régime d'une plus longue durée.

Les avantages que nous pouvons retirer au point de vue hygiénique du choix intelligent des vins, me semblent devoir clairement ressortir des documents spéciaux que je vais emprunter aux savants qui se sont livrés à cette importante étude.

Je commencerai mes citations en puisant quelques extraits dans l'excellent ouvrage de M. Payen, de l'Institut (1)

« *Composition des vins.*— Les mêmes principes immédiats existent presque tous dans les différentes variétés de raisin ; mais leurs proportions diffèrent, ainsi que les principes, de l'arome : ce dernier est complexe et varie suivant les cépages, les expositions, les sols,

(1) Précis théorique et pratique des substances alimentaires et des moyens de les améliorer, les conserver et d'en reconnaître les altérations. 4e édition, Paris, 1865.

la culture et les circonstances météoriques des saisons. Les substances suivantes font partie des fruits de la vigne et se retrouvent dans le vin, sauf quelques exceptions et les transformations que nous indiquerons plus loin : *eau*, *cellulose*, ou tissu organique, acide *pectique*, *tannin, albumine, plusieurs matières azotées*, des huiles essentielles, des matières colorantes : jaune, bleue, rouge (la première existe seule dans le vin blanc) ; *une substance colorable à l'air, des matières grasses, des pectates de chaux et de magnésie ; du bi-tartrate de potasse, des tartrates de chaux et d'albumine, du sulfate de potasse, des chlorures de potassium et de sodium, des phosphates de chaux et de magnésie, de l'oxyde de fer, de la silice.*

Par suite des opérations de pressurage et des fermentations, la cellulose est éliminée ainsi qu'une partie de l'acide pectique du tannin, qui s'unit avec l'albumine, du pectate et du phosphate de chaux et de silice. Il s'est développé des ferments, et une partie de la glucose (sucre de raisin) s'est transformée en alcool, plus de cellulose, de l'acide succinique et de la glycérine, qui restent dans le vin (à l'état de solution et de levure précipitée), et en gaz acide carbonique qui s'est dégagé en partie ; enfin, il s'est produit de l'éther œnanthique, qui fait partie des substances odorantes de tous les vins, outre les aromes particuliers aux vins des différents crûs.

» Les vins rouges diffèrent des vins blancs, non-seulement par la matière colorante, mais encore par les proportions plus fortes de tannin (acide tannique) qu'ils contiennent, et par une dose plus faible de matière azotée.

» La préparation des vins rouges exerce une grande influence sur leur qualité : il faut cueillir le raisin à l'époque où sa maturité a développé dans le fruit à peu près le maximum du sucre (glucose) et des produits qui concourent à la formation de l'arome, dit bouquet. On doit diriger et surveiller la fermentation de manière à éviter que les matières surnageantes (ferments, pellicules de raisin) n'exposent trop longtemps le liquide en stagnation, dont elles sont imprégnées, aux réactions atmosphériques qui le feraient passer à l'acide. Le décuvage à temps opportun, est une des plus utiles précautions à prendre.

» Les vins blancs diffèrent des vins rouges en ce qu'ils ne contiennent pas les matières colorantes rouge et bleue, ne renferment que très-peu de tannin, et retiennent une plus forte proportion de matières azotées, lorsqu'on n'y a pas ajouté de tannin pour précipiter l'excès de matière azotée et faciliter les clarifications et la conservation du vin. Enfin, une partie des principes aromatiques que le cuvage peut extraire manque dans les vins blancs. Mais, en revanche, ils sont exempts des huiles essentielles à odeur désagréable que le cuvage fait en partie passer dans les vins rouges, en agissant sur les tissus des pellicules du raisin.

» *Rôle du vin dans l'alimentation.*—Pris en doses convenables, le vin a une action excitante, stimulante, qui est utile au plus grand nombre ; il modère utilement, pour certaines personnes, l'effet trop grand d'hydratation que produit quelquefois l'eau seule. Il joue encore un autre rôle dans l'alimentation des hommes : les substances grasses et sucrées que le vin contient en minimes proportions, produisent dans les actes de la digestion les phénomènes de combustion qui entretiennent la chaleur animale et produisent du gaz acide carbonique et de l'eau ; les sels de chaux, de potasse, de soude et la silice peuvent concourir au renouvellement des matières salines propres à nos tissus ou habituellement comprises dans nos excrétions ; les matières azotées remplissent, quoique pour une faible part, plusieurs des fonctions de leurs congénères ; enfin, l'eau qui forme environ les 88 centièmes de la plupart des vins ordinaires, joue le rôle indispensable que nous avons décrit ci-dessus, parfois même sans partage : car il est un grand nombre de personnes, qui, bien à tort sans doute, font du vin pur leur boisson exclusive. Quant aux effets calorifiques attribués à l'alcool dans sa combustion humide, ils sont au moins douteux, car une grande partie, si ce n'est la totalité, est éliminée par les diverses voies de l'économie animale.

» *Maladies des vins.* —Sous cette dénomination, l'on comprend certains défauts naturels et différentes altérations spontanées qui dénaturent les vins au point de les rendre parfois impropres à servir de boisson, si l'on ne parvient à prévenir ou arrêter ces altérations en temps utile. »

C'est au doyen de nos œnologues modernes, le comte Odart, que je demanderai les premiers renseignements sur les qualités des vins français. Les rapides analyses des observations consignées dans sa consciencieuse *Ampélographie* (1), mettront à lieu de les apprécier à notre point de vue.

Suivant lui, l'importance du choix des cépages pour la plantation d'une vigne a été bien établie par la plupart des auteurs ampélomènes; aussi, se contente-t-il de rapporter ce

---

(1) *Ampélographie universelle ou Traité des cépages les plus estimés dans tous les vignobles de quelque renom,* par Odart. 2e édition. Paris, 1849.

qu'en a dit Puvis, l'un des agronomes modernes les plus haut placés dans l'opinion des agriculteurs : « Une circonstance semble influer puissamment sur la qualité du vin ; c'est la nature du plant que l'on cultive ; car c'est bien à lui qu'on doit attribuer l'abondance des produits à l'époque de leur rentrée ; c'est bien encore à lui qu'on doit la couleur, la spirituosité et en grande partie la saveur des vins ; on ne peut pas douter que cette saveur ne dépende de celle du raisin, et n'ait une relation intime avec elle. »

Dans ses considérations sur les vins de la région occidentale, le comte Odart dit : « que les vins de Bordeaux sont l'honneur des vignobles de cette région ; aussi le plant le plus estimé de la Gironde, le carmenet ou carbenet, est-il répandu dans ses vignobles les plus distingués, autant que les pinots le sont dans la région centrale. Il paraîtra même singulier que ce cépage, sous le nom de breton, soit à peu près exclusivement cultivé dans le 3e arrondissement d'Indre-et-Loire. Tous les vins provenus des vignobles où ce cépage est en majorité, ont entre eux des rapports généraux qui indiquent leur origine commune, et entre autres une légère âpreté qui est un de leurs caractères le plus prononcés ; de plus, l'absence de spiritueux, absence qui rend ces vins les plus salutaires de France, et enfin l'accompagnent d'un bouquet propre, très-agréable et qui suffit souvent pour les faire connaître avec facilité. Ces mêmes caractères se sont transportés avec le plant dans le nord de cette région : les vins de Bourgueil, dont le plus distingué est celui de Saint-Nicolas, sont fort recherchés, et particulièrement ceux de Champigny, dans le Saumurois, sont du petit nombre des vins qui ne jouissent pas de la réputation qu'ils méritent. Quant aux vins blancs, ceux de Sauternes, Bommes, Barsac et Preignac dans la Gironde, ont une réputation bien établie ; ceux de la Loire n'en ont guère moins, non à Paris cependant, mais en Flandre, en Hollande et dans les pays du Nord. »

Le savant ampélographe ajoute les observations suivantes sur les vins de Bordeaux : « Ce chapitre serait incomplet si je ne terminais par quelques considérations qui m'ont été suggérées par la dégustation réflexie que j'ai été à portée de faire lors de mon voyage à Bordeaux, pour le congrès de vignerons, d'un très-petit nombre de vins à la vérité, mais qui provenaient de vignobles les plus renommés. Je ne dissimulerai donc point que le meilleur vin qu'on ait cru me donner, m'a laissé quelque chose à désirer. Il était très-vieux et d'une légèreté qui, portée à ce point, pouvait être appelée faiblesse. Un an auparavant, un commerçant en vins m'avait fait goûter à Tours du vin de Léoville (Médoc) qui avait fait, me dit-il, le voyage des Indes ; ce vin n'était plus qu'une eau vineuse d'une légère teinte rouge. Dans mon excursion à l'un des vignobles les plus renommés du Médoc, on me fit aussi goûter du vin en cercle, de l'année précédente 1842; et celui-ci, je le trouvai excellent et plus propre à être servi comme un vin distingué que le vin vieux dont on nous avait fait l'honneur....

» Cette déchéance du mérite des vins vieux de Bordeaux est donc bien réelle ; ils s'usent trop vite, et je crois en avoir trouvé la cause : l'usage trop absolu de l'égrappage et la culture trop exclusive des carbenets. Du reste, le commerce, qui est l'autorité la plus sûre en cette matière, a bien reconnu ce défaut des meilleurs vins de Bordeaux, et c'est pour cela que les plus habiles et les plus honnêtes en même temps se permettent des mélanges dont on aurait bien tort de se plaindre ; car loin d'être une fraude, ils ne sont vraiment qu'une amélioration innocente et bien entendue, quand ces mélanges se réduisent à l'addition d'une certaine proportion de vin de Cahors, de l'Hermitage ou de Beni-Carlo. »

Dans ses considérations préliminaires sur les vins de la région centrale, qui renferme non-seulement les vignobles les plus renommés, concurremment avec ceux du Bordelais et plusieurs autres qui, sans avoir la réputation de la Champagne, de la Bourgogne et de l'Hermitage (Drôme), n'en ont pas moins un assez grand mérite ; notamment les vins du Lot, appelés communément vins de Cahors, qui sont fort recherchés du commerce de Bordeaux, pour donner de la couleur et du corps aux vins de Médoc et de Graves, et aussi les vins du Cher, qui sont également préférés par les Parisiens dans la même intention. Le savant viticulteur signale ce fait assez singulier qu'à une aussi grande distance que le sont le Lot et le Cher, ces vins soient produits par les mêmes cépages, les *Auxerrois* et les *Cots.*

Quant à la région orientale, il affirme que les qualités des vins qui ont conservé des droits à être recherchés, sont d'être légers et délicats, prompts à être mis en consommation ; mais aussi d'une assez courte conservation, défaut assez commun à tous les vins produits par les pinots. Il entend parler ainsi seulement des vins de la Meuse, de la Moselle et de la Meurthe; car il en est tout autrement des vins du Rhin, qui sont d'une durée indéfinie et qui n'acquièrent même de mérite qu'en vieillissant..

Pour ce qui concerne la région méridionale qui abonde en vins de natures très-diverses, le comte Odart reconnaît que cette diversité ne peut manquer d'avoir lieu, les cépages qui les fournissent étant en bien plus grand nombre que dans les autres régions. Les meilleurs vins de celle-ci, suivant lui, ont généralement des qualités qui leur sont communes : ils sont riches de couleur, corsés, spiritueux, capables de supporter les voyages de long cours, et très-propres aux mélanges avec quelques-uns de nos vins du Nord de médiocre qualité, qui sont plus légers, et quelquefois acidulés. Les défauts de ceux du Midi sont tout différents de ceux qui affectent les nôtres dans les mauvaises années ; ils sont douceâtres, sirupeux, pâteux, puis ils se gâtent ou bien deviennent violents et d'un goût plus désagréable que ne le sont jamais les nôtres. C'est aussi dans cette région que l'on fait les meilleurs vins de liqueur, dont les plus communs, ce qui ne veut pas dire ici ceux d'une qualité inférieure, sont les vins *muscats;* d'autres cependant leur sont préférés, tels que le Grenache, le Maccabéo de Salces, le vin de paille de l'Hermitage, etc. Il pourrait y ajouter le Tokai du Gard et de l'Hérault, comparable à tout ce que la Hongrie produit de meilleur et qu'il proposait de nommer vin de *Furmint,* du nom du plant qui le produit.

J'emprunterai maintenant aux intéressantes leçons du docteur Bouchardat, professeur d'hygiène à la faculté de médecine de Paris, les considérations suivantes, relatives au rôle du vin dans la nutrition (1).

« Quand on cherche à se rendre compte du rôle du vin dans la nutrition, on reconnait d'abord l'importance de l'association de l'alcool avec un liquide d'une acidité prononcée; non-seulement les deux saveurs, celle des acides et celle de l'alcool s'associent heureusement; mais aussi, absorbé simultanément,

(1) Leçons de M. Bouchardat, recueillies par M. Evariste Thévenin. — Entretiens populaires, 2e série, 2e édition, 1861. — Paris, Hachette et Cie.

l'acide modère l'énergie de l'action destructive de l'alcool sur l'économie, et, par là, diminue son excès d'action sur le système nerveux.

» Le tannin et les matières colorantes exercent une action sur l'estomac qui, dans certaines conditions, peut être regardée comme favorable ; le bouquet qui charme le sens du goût et de l'odorat, doit avoir son utilité hygiénique, car on sait, par l'observation de beaucoup d'autres faits, que de très-petites quantités de substances sapides exercent une heureuse influence sur la nutrition.

» Le vin, dont la densité est voisine de celle de l'eau, est absorbé moins rapidement que l'eau-de-vie ; c'est encore une condition favorable, qui a pour effet, en répartissant dans un temps plus long l'absorption et l'utilisation de l'alcool, d'atténuer les dangers de l'excès. A dose égale d'alcool, le vin rouge enivre moins, ébranle moins le système nerveux que l'eau-de-vie.

» Le vin s'absorbe sans subir d'autre modification que celle d'être étendu d'eau par son mélange avec le suc gastrique ; les ferments digestifs n'ont donc pas besoin d'intervenir pour son absorption et son rôle ultérieur dans la nutrition, ce qui explique très-bien son utilité dans les maladies apyrétiques.

» La complexité des matériaux inorganiques qui entrent dans la composition du vin, et qui, à certains égards, se rapprochent de ceux de l'organisme humain, rend très-bien compte de l'action restaurante du vin chez les individus épuisés par suite d'une alimentation insuffisante.

» Si nous considérons l'opportunité de l'usage du vin suivant les âges, nous retrouvons à peu près les mêmes règles générales que nous avons tracées en parlant de l'eau-de-vie. Dans la première enfance, je crois que l'abstinence est un bon précepte ; le vin n'ajoute rien aux qualités alimentaires du lait et peut lui nuire ; l'usage modéré du vin est utile pour l'adulte qui travaille, il convient au vieillard encore vert, mais en faible quantité, car l'abus est pour lui redoutable à plus de titres. Le bon vin est nécessaire pour rendre des forces au vieillard caduc, quand la digestion est paresseuse ou interrompue. La femme peut user utilement du vin, mais en faible quantité, et toujours la même.

» C'est pour l'ouvrier qui dépense beaucoup de forces, que le vin, pris en juste mesure, est un bon auxiliaire de la viande, c'est surtout pour lui que je demande la consommation régulière en famille; autant cet usage ainsi compris est favorable, autant, et cent fois plus l'abus du lundi et la privation de la semaine sont préjudiciables.

» Le vin est bien préférable pour le marin à l'eau-de-vie, que les difficultés de l'emmagasinement forcent quelquefois à lui donner. Un exemple très-net l'a démontré : deux croisières, l'une française, l'autre anglaise, stationnaient dans les mers du Sud par de gros temps; on distribuait aux marins français du vin, et aux anglais de l'eau-de-vie; les derniers furent atteints du scorbut, et les premiers en furent exempts. Les matériaux inorganiques du vin, et particulièrement les sels de potasse agiront dans ce cas en complétant l'alimentation.

» Il est certaines imminences morbides pour lesquelles l'usage du vin est très-favorable. J'ai vérifié dans trop d'occasions l'utilité du vin donné en juste mesure aux glycosuriques, pour ne pas le leur conseiller presque toujours. Dans les pays à marécages, une bonne alimentation, aidée d'une juste proportion de vin rouge, exerce une puissance préservatrice, sinon constante, du moins incontestable.

» Dans les convalescences qui suivent de longues maladies, l'usage du vin est aussi favorable que celui du bouillon : tous deux réparent les pertes de l'organisme et préparent à une alimentation plus complète. Quand l'estomac est encore malade, des lavements de vin rendent des services qu'on attendrait en vain de tout l'arsenal pharmaceutique. »

L'éminent professeur trace ainsi les tristes résultats de l'abus du vin :

« L'abus du vin entraîne les mêmes inconvénients que celui de l'eau-de-vie, quoiqu'à un moindre degré. Je ne saurais trop m'élever contre l'usage abondant du vin à chaque repas, dont bien des personnes se font une habitude. Reconnaissons qu'il existe des idiosyncrasies très-différentes : pour certains individus, un verre de vin déterminera de la rougeur à la face, de la céphalalgie ; pour d'autres, un litre semblera n'exercer aucune influence fâcheuse. Mais, ne nous y trompons pas, l'excitation répétée du cerveau sans travail utile est toujours préjudiciable, et il est rare que la stimulation bachique soit employée pour développer et perfectionner l'intelligence.

» L'ivresse du vin exerce des modifications moins promptes et moins profondes sur les appareils de l'innervation et de la digestion que l'ivresse de l'eau-de-vie.

» Les ivrognes, dans les pays vignobles où l'on récolte du vin peu riche en alcool, meurent beaucoup moins promptement que les victimes de l'alcool ; quelques-uns peuvent atteindre une vieillesse assez avancé; l'hydropisie consécutive aux maladies du cœur est la maladie qui les enlève le plus communément.

» Dans les pays vignobles, où le raisin n'atteint pas tous les ans une complète maturité, il se présente à certaines périodes des dangers pour la santé qui n'ont point encore été convenablement signalés... »

Voici comment s'exprime M. le docteur Bouchardat, relativement à la classification des vins :

« Ce n'est pas une chose aisée que de ranger dans une classification irréprochable le nombre infini de vins produits dans les diverses contrées où la vigne est cultivée. Depuis longtemps je me suis occupé de ce problème. On a publié dans plusieurs ouvrages classiques, mais d'une façon inexacte, ma classification des vins; voici celle que j'ai adoptée dans mon cours comme se prêtant le mieux aux études hygiéniques :

» *Classification des vins rouges et blancs.*

» 1° Vins dans lesquels domine un des principes essentiels du vin.

» A. Alcooliques : — Vins secs : Madère, Marsala ; vins sucrés : Malaga, Banyuls, Lunel ; de paille : Arbois, Hermitage.

» B. Astringents : — Avec bouquet : Hermitage ; sans bouquet : Cahors.

» C. Acides : — Avec bouquet : vin du Rhin : sans bouquet : vin de Gouais, d'Argenteuil.

» D. Mousseux : — Champagne.

» 2° Vins mixtes ou complets.

» A. Avec bouquet : — Bourgogne : Clos-Vougeot, Mont-Rachet ; Médoc : Château-Larose, Sauterne ; Midi : Langlade, Saint-George.

» B. Sans bouquet : — Bourgogne et Bordeaux ordinaire. »

Je trouve la suite de cet intéressant sujet, traité par le même professeur, dans l'ouvrage d'un savant praticien de la Gironde (1).

(1) Guide du consommateur de bons vins ou essai

« *Vins acides.* — Il est des vins fournis par certains cépages, tels que les gouais et les gamays parisiens, qui contiennent ordinairement un grand excès de crême de tartre et d'acides libres. Ces vins ne conviennent pas pour l'usage ordinaire de la vie ; ils peuvent avoir une action purgative ou tempérante exagérée ; ils délabrent l'estomac et ne donnent pas de force. A l'article *Gouais*, je leur indique un usage intéressant : ils conviendraient mieux pour l'Algérie que les vins du Midi et que cette liqueur d'absinthe qu'on y consomme en si grande quantite.

» *Vins alcooliques.* — Ils contiennent un grand excès d'alcools qui a souvent été ajouté après la fermentation ; la crême de tartre et les acides organiques y sont en trop faible proportion ; ils ont la plupart des inconvénients de l'alcool étendu d'eau.

» *Vins sucrés.* — Ils pèchent, en général,

sur les produits vinicoles de la Gironde, au point de vue hygiénique et commercial, par J. Ferrier. — Bordeaux, 1857.

par le défaut d'acides libres et par l'excès d'alcool, qui préserve le sucre en excès de la fermentation alcoolique.

» Nos expériences sur les animaux nous ont montré que l'intervention du sucre en quantité un peu élevée retardait l'absorption de ces vins, qui séjournent alors plus longtemps dans l'appareil digestif, et qui arrivent en proportion plus notable dans les intestins. Malgré l'utilité de cette cause retardatrice, ces vins possèdent la plupart des inconvénients des vins alcooliques.

» Les *vins mixtes* ou *parfaits*, dit encore M. le professeur Bouchardat, sont remarquables par l'heureuse harmonie des principes qui les composent; l'alcool y existe en quantité moyenne de 10 pour 100 ; les acides libres et la crême de tartre ne s'y trouvent qu'en proportion modérée, pour donner à cette boisson une agréable acidité, suffisante pour ralentir, après leur absorption, la combustion trop vive de l'alcool, mais pas assez pour troubler la digestion. Le tannin et la matière colorante qu'ils renferment sont favorables à l'estomac, le principe aromatique qui s'y développe avec le temps flatte singulièrement le goût, et doit avoir une influence des plus favorables sur la nutrition, en facilitant la digestion des aliments réparateurs.

» Les bons vins de ce groupe peuvent être considérés comme un aliment tout préparé qui peut offrir une ressource précieuse pour les malades menacés d'inanition, dont les fonctions digestives sont affaiblies, parce que les organes ne secrètent plus ces liquides qui contiennent ces matières spéciales possédant la propriété admirable de favoriser la dissolution des aliments solides; c'est dans ce sens qu'on a pu dire, avec une grande raison, que le bon vin était le lait des vieillards.

» Je vais maintenant aborder une question qui a de l'intérêt pour tous, et qui cependant est généralement bien mal appréciée aujourd'hui.

» Parmi les vins mixtes, quel est celui que le consommateur doit préférer?

» Je place en première ligne le vin produit

par le *pineau de Bourgogne*, récolté dans une année favorable, venu dans les terrains calcaires à une heureuse exposition. Aucun vin ne réunit mieux, cinq ans après sa récolte, toutes les qualités que j'ai énumérées.

» Les vins de Bordeaux produits par les *carbenets*, crûs en sol calcaire, en bonne exposition, ont aussi un caractère propre bien remarquable qui leur assigne un rang des plus distingués dans la classe des vins mixtes; ils contiennent de l'alcool et des acides en juste proportion, du tannin, du fer, une matière aromatique particulière, une substance organique, que M. Fauré a nommé œnanthine. Ils conviennent, surtout, aux malades, comme les glycosuriques, pour lesquels une quantité élevée de vin est indispensable afin de les préserver de l'inanition : nul vin ne peut remplacer les vieux vins de Bordeaux produits par les *carbenets.* »

M. le docteur G. Gaubert, auteur de *l'hygiène de la digestion, du conservateur, etc...*, a publié, à propos de l'exposition universelle de 1855, une remarquable étude sur les vins et les conserves (1). Ce travail qu'il considérait alors comme un supplément nécessaire à ses précédents ouvrages, s'adresse principalement aux consommateurs du vin, considéré comme boisson alimentaire.

La compétence de M. le docteur Gaubert, comme médecin hygiéniste, donne une incontestable importance aux opinions émises par ce savant sur un sujet encore si peu étudié à ce point de vue. Aussi, tout en lui empruntant les extraits suivants, j'ai le regret de ne pouvoir les accompagner des détails qui les complètent si utilement dans son livre, et que ne me permettent pas les limites restreintes de ce mémoire.

Le vin considéré comme boisson alimentaire

« Si des faits qui touchent également à la production et à la consommation, nous pas-

(1) Etude sur les vins et les conserves, suivie du compte-rendu de la séance de dégustation tenue par les membres de la 11e classe du jury, in-8°, Paris, 1857.

sons à ceux qui intéressent particulièrement le consommateur, nous avons à examiner des questions dont l'importance et le nombre exigent une méthode , sans laquelle la lecture des détails qui suivent ne saurait être profitable.

» La première qui se présente est celle de *la composition du vin, des éléments qui le forment, de la proportion et des propriétés de chacun d'eux.* Nous passons de cette connaissance à l'étude *des qualités et des défauts des vins dépendant des différentes proportions entre leurs éléments. L'action du vin blanc* sur nos organes diffère de celle produite par le vin rouge ; cette différence motive l'étude comparée de l'une et de l'autre, qui est l'objet de notre troisième paragraphe.

» La recherche *des transformations que le temps produit dans le vin* , est d'un grand intérêt pour le consommateur; il nous a paru nécessaire de nous y arrêter, avant de passer à l'étude des *qualités et des défauts des vins dans leurs rapports avec la constitution , le tempérament, l'âge, le sexe, la profession, et le genre de vie :* là se termine l'exposé des notions générales que nous avons cru devoir présenter à l'appui de la division hygiénique des vins de la France... »

Essai d'une division hygiénique des vins de la France.

« Les données qui précèdent sur la composition des moûts, sur la nature des transformations qu'ils subissent pour fournir les différentes espèces de vins, ainsi que l'étude déjà faite des éléments qui constituent cette liqueur fermentée, nous dispensent d'entrer ici dans des détails qui ne sauraient être que des répétitions fatigantes.

» Instruit par des faits positifs de la part d'action de chaque élément sur nos organes, le lecteur peut dès à présent, connaissant la proportion des principes qui existent dans le vin, décider à quelle catégorie de consommateurs il convient plus particulièrement : c'est un des objets que nous nous étions proposés dans nos généralités.

» Nous sommes consommateur : nous écrivons pour le consommateur du vin considéré comme boisson alimentaire. Il ne peut donc être question en *première ligne* de ce qui plaît le mieux dans le vin ; mais de ce qui est le plus profitable et le plus salutaire.

» Que lui demandons-nous dans les habitudes de chaque jour ? Nous voulons : 1° qu'il nous désaltère agréablement pendant le repas ; 2° qu'il flatte, en passant, le goût et l'odorat ; 3° que, par ses propriétés toniques et alimentaires, il complète l'effet de la nourriture solide ; 4° que, par ses propriétés chaudes, il hâte et facilite le travail de la digestion ; 5° enfin qu'il donne tous ces bons résultats et nous permette de vaquer à nos affaires avec plus de force de corps et plus de lucidité d'esprit, et tout cela, sans coûter trop cher. Ces bienfaits inestimables ne sont point acquis : 1° si le vin, trop chaud pour celui qui le prend, importune et brûle l'estomac ; 2° si le vin, trop fumeux, frappe la tête et brise le système musculaire.

» Ces explications suffisent pour faire comprendre comment les grands vins, ceux dont nous aimons à reconnaître la distinction et la supériorité, ne sont point l'objet principal de nos études : ils ne remplissent pas les conditions essentielles d'une boisson alimentaire, et ils ont les inconvénients qu'il faut éviter à tout prix, dans le mouvement d'une vie qui doit rester complète pour suffire à l'exigence des affaires.

» Le respect naturel pour les vieilles gloires du pays nous a porté à maintenir *les grands vins* à la tête de notre division. Mais ils y sont placés hors cadres comme un brillant état-major. *La première tribu* renferme les trois premières classes de la *topographie de tous les vignobles*. Les vins y sont distribués par département, dans l'ordre que leur assigne leur valeur commerciale, et avec l'indication des prix pour chacun.

» Tous ces vins sont vieux, c'est-à-dire à

point. Pour parvenir à cet état où ils causent, par l'arome et par la saveur, la plus vive impression qu'il soit donné à chacun de produire, ils ont mis un temps qui varie de deux à trois ans pour les plus délicats, à dix, douze et plus pour les robustes. Ce fait nous fournit une occasion de plus de constater la complète analogie qui les rapproche des êtres organisés vivants : c'est qu'en général leur durée totale est en rapport avec le temps nécessaire à leur développement. De telle sorte que d'un côté le vin qui atteint en deux ans son âge mûr s'éteint au bout de cinq ou six, tandis que de l'autre, celui qui a besoin de douze ans pour y parvenir, dure trente, quarante ans et plus. Une conséquence de cette loi, tout à fait digne d'intérêt, s'observe dans les *vins fabriqués* avec addition de sucre de glucose; c'est qu'en même temps qu'ils atteignent plutôt les caractères de la vieillesse, ils y persistent moins longtemps avant de s'altérer. C'est là une raison de plus de ne recourir à la *chaptalisation* que dans le cas d'une nécessité absolue.

» Les *deuxième, troisième, quatrième et cinquième tribus*, comprennent, depuis le plus distingué jusqu'au plus vulgaire, *tous les vins ordinaires*. Pris à l'âge où chacun d'eux supporte la plus grande quantité d'eau possible sans cesser d'être une boisson alimentaire agréable, ils procurent une variété de sensations et d'avantages de nature à satisfaire toutes les constitutions, tous les tempéraments, tous les âges et tous les sexes. Chaque tribu s'accommode au goût, à la bourse, à la santé d'un groupe de consommateur bien distinct.

» Quels vins, je le demande, rempliraient aussi bien que ceux du Midi, que leurs coupages et leurs analogues, la mission de nourrir et de soutenir en même temps nos ouvriers des villes et des campagnes, dont la nourriture solide pèche si souvent par le défaut de ton et de stimulation.

» Quels vins remplaceraient, je ne dis pas avec avantage, mais seulement avec le même succès, les hauts bourgognes corsés et chauds, et tous ceux qui se groupent autour d'eux, pour l'homme actif et robuste qui s'agite du matin au soir, sans que cependant chacun de ses mouvements atteigne les limites de l'intensité musculaire? Quels vins plus propres que les bordeaux et leur suite à soutenir et restaurer la classe si nombreuse des consommateurs qui redoutent, pour leur estomac et leur cerveau, l'excès de la stimulation diffusible? Quels vins enfin plus gais, plus légers que les vins de Basse-Bourgogne, de l'Aube, de la Marne, et ensuite les Orléans, les Beaugency, les moins colorés et bien faits, pour désaltérer avec un peu d'eau pendant les chaleurs de l'été, pour exciter vivement, mais d'une manière passagère, tant de sujets délicats, tant de femmes dont le train de nos sociétés épuise les centres d'innervation. *Dans ces quatre tribus* donc, sont contenues toutes les ressources désirables pour les diverses conditions, pour les états différents de notre vie sociale. Sur elles nous nous efforcerons de rassembler toutes les indications particulières de qualité, de provenance, de prix qui intéressent les consommateurs.

» Les trois dernières tribus qui nous donnent, comme la première, *le superflu*, *chose si nécessaire*, traitées avec la distinction et les égards dûs à des auxiliaires, souvent utiles, et toujours infiniment agréables, se trouvent, par leur nature, placées ainsi qu'elle en dehors de notre cadre : la *sixième* comprend *les vins ordinaires vieux* qui, quoique d'un très-grand intérêt et tout à fait dignes de former un petit traité à part, ne peuvent servir comme boisson ordinaire propre à désaltérer ; la *septième* est consacrée *aux vins de liqueurs ;* et la *huitième, aux vins mousseux*.

» Quant aux vins blancs, quoiqu'on n'en boive pas d'autres dans plusieurs pays, où les raisins rouges mûrissent mal, nous n'avons pas cru devoir, au point de vue hygiénique, les classer dans une tribu à part. En tant que boisson alimentaire, nous ne les admettons que faute de mieux, et comme, sous ce rapport, ils ont à peu près les mêmes défauts que les vins vieux ordinaires, nous nous bornerons à assigner leur place à la suite de la sixième tribu. Beaucoup moins fortifiants que les vins rouges, ils surexcitent momentanément les centres nerveux, et brisent le plus souvent l'action musculaire. Au midi, la prédominance de l'alcool dans les vins blancs secs frappe inévitablement le cerveau ; au nord et à l'est, une certaine acidité, comme cela se voit dans les vins d'Alsace, d'Autriche, de Hongrie, etc., irrite particulièrement les estomacs impressionnables qui n'y sont pas accoutumés, et nuit à la digestion au lieu de l'aider.

» C'est dans les coupages intelligents que le vin blanc nous paraît destiné à rendre de grands services, en augmentant la quantité des vins alimentaires. »

L'homme d'habitude sédentaire, voué à des travaux de cabinet, accoutumé à faire peu ou point d'exercice après le repas, apprendra dans le livre du docteur Gaubert, que les vins, utiles à ceux qui exercent au grand air des professions fatigantes pour le corps, peuvent lui être nuisibles, à lui qui vit dans des conditions opposées. L'homme arrivé à l'âge mûr, menant une vie active, mais impressionnable à la stimulation alcoolique dans les organes de la digestion, verra que le vin étendu du tiers ou de la moitié d'eau, doit le désaltérer au repas, et qu'il lui sera plus sapide et plus salutaire, jeune, encore chargé de matière séveuse et de tannin, que plus vieux et plus dépouillé.

La femme nerveuse qui mène au sein des grandes villes une vie parfois trop agitée dans des habitudes sédentaires, consultera avec profit pour elle *l'étude sur le vin*, pour y puiser la connaissance des qualités de vins, qui étendus d'eau lui seront le plus bienfaisants. Cette question, très-délicate, est tranchée par beaucoup de femmes du monde d'une façon absolue : elles boivent de l'eau seulement, et cela souvent au grand préjudice de leur santé, lorsqu'elles vivent à demeure au milieu des grandes agglomérations humaines, où les causes de débilitation sont nombreuses et de nature infiniment variée.

Le petit consommateur prévoyant qui vit en famille, et qui a pour habitude de s'approvisionner par barrique et par demi-barrique, trouvera dans l'ouvrage du docteur Gaubert les motifs de la préférence qu'il doit accorder à tel vin sur tel autre; il comprendra l'économie d'argent à réaliser par le choix d'un ordinaire généreux de Bourgogne, de Bordeaux ou d'un vin résultant du coupage modéré et intelligent des produits du Midi, tel que l'administration l'assure aux équipages de marine et à d'autres grands établissements publics.

Les opinions émises par des savants dont l'autorité en ces matières est justement appréciée par tous les hommes compétents, déterminent d'une manière irrécusable les principaux caractères des vins et le mode d'action qu'on peut obtenir de chacun d'eux, suivant leurs provenances ou leurs âges ; ainsi que le parti que l'hygiène peut tirer de l'appropriation de cette précieuse boisson aux tempéraments ou aux habitudes des consommateurs.

J'aurais voulu pouvoir compléter cette étude en y ajoutant des renseignements spéciaux propres à chacun de nos principaux vignobles, pour mettre à lieu d'apprécier les qualités diverses de leurs produits, et en faciliter le choix ; mais ce travail m'eût entraîné bien au-delà des limites que je me suis imposées.

Dans l'impossibilité de m'étendre autant que je l'aurais voulu, j'étudierai cependant en détail ce qui se rapporte au vignoble Bordelais. C'est celui que l'on considère comme le plus intéressant, tant au point de vue de la perfection de ses procédés de culture et de vinification, que sous le rapport des soins attentifs qu'on apporte à la conservation et à l'amélioration de ses produits, tous aussi remarquables par leurs caractères particuliers, que par les bas prix de leurs qualités inférieures et la valeur énorme de leurs qualités supérieures.

Voici comment s'exprime, sur ce sujet, M. Ferrier, médecin à *Pauillac* (Médoc), dans son *Guide du consommateur de bons vins :*

« Tous les jours, les médecins sont consultés par leurs clients sur le régime qu'ils doivent suivre comme moyen prophylactique, ou vers la fin d'une maladie, pour arriver, sans accidents, au terme d'une convalescence qui est le but de tous leurs désirs. La classe des aliments solides où les malades doivent puiser leur nourriture est alors indiquée avec le plus grand soin, mais il n'en est pas toujours de même de la qualité du vin dont ils doivent faire usage. D'après l'état physiologique ou pathologique des organes digestifs ou de l'organisme en général, le vin est prescrit pur ou étendu d'eau, ou même entièrement proscrit du régime ; mais quand il est toléré, faut-il encore le choisir dans la classe de ceux qui peuvent convenir le mieux à l'état morbide et au tempérament des malades, car, on le sait, tous les vins et tous les climats ne conviennent pas également à toutes les organisations.

Mais, pour arriver à ce résultat si avantageux pour les malades, et même comme moyen prophylactique, il faut connaître la composition chimique des vins en général, et les effets physiologiques qu'ils produisent chez l'homme. Or, ces choses-là ne s'apprennent pas dans les écoles de médecine, où, à tort sans doute, elles ne sont pas enseignées. Mais, aujourd'hui que la faculté de médecine de Paris a pour professeur d'hygiène un chimiste et un œnologue des plus distingués, je suis convaincu que le savant professeur fera profiter ses élèves de ses infatigables recherches et de ses belles expériences sur les effets des boissons alcooliques chez l'homme, et sur la qualité du vin qu'on doit prescrire dans telle ou telle circonstance.

» Pourquoi, d'ailleurs, n'en serait-il pas, en médecine, des vins comme des eaux minérales, dont les médecins étudient avec le plus grand soin la composition chimique et les effets thérapeutiques, pour pouvoir diriger sûrement les malades atteints d'affections qui les réclament. L'emploi qu'on en fait journellement le prouve d'une manière irréfragable, le vin en a une aussi puissante, mais dont les effets dépendent de sa qualité et de son application rationnelle.

» Si je conseille les vins de Médoc, de préférence à tous les autres vins, aux consommateurs que leur position de fortune met à même de pouvoir l'employer comme boisson ordinaire, c'est parce qu'ils diffèrent essentiellement des autres vins, même de ceux récoltés dans le département de la Gironde, tant sous le rapport de leur qualité supérieure, que sous celui de leur composition chimique et de leur influence hygiénique et thérapeutique.

» Je dis à dessein du vin de *Médoc*, parce qu'on confond depuis trop longtemps sous la même appellation, *vins de Bordeaux*, tous ceux qui se récoltent dans le département de la Gironde, y compris ceux du Médoc, qui en diffèrent sous tant de rapports... La nature ayant varié les produits selon la qualité du sol et la différence des climats, le Médoc, sous le rapport géologique et climatérique, se trouve dans des conditions favorables toutes particulières pour produire des vins d'une qualité si supérieure, qu'il serait impossible d'en obtenir de semblables dans les autres contrées vinicoles les plus favorisées, même en y cultivant les mêmes cépages et en employant les mêmes procédés de vinification. »

M. Ferrier signale l'important travail de M. Fauré (1), le savant chimiste de Bordeaux, qui a fait, avec la science, le zèle et la persévérance qu'il met dans tout ce qu'il entreprend, l'analyse chimique et comparée des vins du département de la Gironde; et dans la diversité des principes qui constituent ces vins, il trouve encore la preuve de la supériorité de ceux du Médoc.

Je me bornerai à extraire de la reproduction du travail de M. Fauré, les conclusions seules, qui y sont ainsi formulées :

« Les expériences et les faits qui précèdent m'autorisent à poser en principe :

(1) Ce travail a paru dans les actes de l'Académie de Bordeaux, et se trouve reproduit dans l'ouvrage de M. Franck, sur les vins de la Gironde.

» 1° Que le maximum d'alcool contenu dans nos vins rouges est de 11 pour 100 ; celui contenu dans les vins blancs est de 15 pour 100.

» 2° Que tous les vins rouges du département contiennent une quantité de tannin qui, mesurée d'après le procédé que j'ai décrit, peut être évaluée, pour les plus chargés, à 17 ou 18 centièmes, et pour les plus faibles, à 6 ou 7 centièmes; tandis que dans les vins blancs, où ce principe se trouve le plus, la quantité doit être exprimée par 1 ou 2 centièmes seulement.

» 3° Que les vins rouges contiennent la matière colorante dans des proportions qui, d'après mon système d'expérimentation, sont exprimées, pour les plus colorés, par 34 à 35 centièmes, et, pour les plus légers, par 11 ou 12 centièmes.

» 4° Qu'il existe dans les vins de la Gironde un principe particulier que personne n'avait encore indiqué, et que j'ai nommé *œnanthine*. Ce principe n'est appréciable que dans les vins de nos premiers crûs; c'est lui qui leur donne l'onctuosité et le velouté. On le reconnaît dans les vins ordinaires; mais les vins inférieurs n'en contiennent pas en quantité appréciable.

» 5° L'arome, ou bouquet, n'a pu être isolé que de quelques vins rouges des premiers crûs ; ce parfum paraît être produit par une *huile essentielle* particulière, qui ne se forme que sous certaines influences, et dont les éléments variables résident dans les pellicules du raisin.

» 6° Que tous les sels contenus dans les vins de la Gironde, se trouvent aussi dans les autres vins de France, à l'exception du *tartrate de fer ;* je l'ai indiqué le premier dans les vins de notre département, alors qu'il n'a encore été indiqué par personne. La présence d'un sel ferrugineux dans les vins de Bordeaux est un fait du plus haut intérêt, tant sous le rapport scientifique que sous le point de vue hygiénique et médical.

» Quant aux conclusions qui se rapportent

à la falsification des vins, elles découlent naturellement de l'ensemble de mon travail.

» Ainsi, les vins surchargés frauduleusement d'alcool, les vins rouges mélangés de vins blancs; les vins rouges et les blancs, coupés avec de l'eau; les vins rouges artificiellement colorés; enfin, les vins rouges à arome factice, pourront être dévoilés à l'aide des diverses manipulations que j'ai indiquées, et sur lesquelles je ne reviendrai pas, pour des motifs qu'on appréciera aisément. Si l'on veut pouvoir surprendre la fraude, il ne faut pas trop lui indiquer ses points vulnérables. »

Sous ce titre : *Du vin employé comme agent thérapeutique, et de ses heureux effets*, M. Ferrier entre dans les détails suivants :

« Comme l'hygiène qui prévient les maladies est toujours préférable à la thérapeutique, qui ne les guérit pas toujours, je conseille aux consommateurs qui se trouvent dans des conditions physiologiques particulières, et qui ne peuvent être appréciées que par leurs médecins, de ne faire usage exclusivement que des vins vieux du Médoc. Ils trouveront dans cette agréable boisson, si elle leur est permise, un principe tonique et légèrement astringent, qui les dispensera bien souvent de recourir aux préparations pharmaceutiques, pour arriver au même résultat; d'ailleurs, les médicaments inspirent toujours à ceux qui les prennent, un sentiment de dégoût qui les force à les abandonner quelquefois, tandis qu'il n'en est jamais de même de l'usage du bon vin, qu'on prend toujours avec plaisir.

» *Les vins naturels du Médoc*, et ce n'est que chez les propriétaires ou chez un trop petit nombre d'honorables négociants qu'on peut s'en procurer, peuvent être prescrits par les médecins, à titre d'auxiliaire, pour soutenir l'action d'un bon régime analeptique ordonné dans une foule d'affections qui réclament l'emploi des toniques; on doit l'employer également dans le cas où il s'agit de relever le ton et l'énergie des organes gastriques, d'activer l'appétit et de faciliter la digestion. On doit l'employer pour combattre la diarrhée, le dévoiement, la pneumatose dépendant de la faiblesse du canal intestinal, pour rendre l'hématose plus parfaite, pour faciliter l'assimilation et rendre aux tissus l'énergie qu'ils ont perdue. Dans les affections strumeuses, scorbutiques, chlorotiques, dans l'anémie, la faiblesse musculaire dépendant d'une croissance trop rapide, le vin de Médoc a sa place marquée, et nul autre vin ne peut lui être substitué d'une manière avantageuse.

» J'ai souvent vu, dans les affections du tube digestif, dans les gastralgies ou gastroentéralgies par atonie, le vin vieux de Médoc être seul toléré en fait de boissons et produire les plus heureux effets.

» A l'exemple d'Hoffmann et de M. le docteur Cazin, M. Aran, médecin de l'hôpital Saint-Louis et professeur agrégé à la faculté de médecine de Paris, emploie fréquemment le vin par la partie inférieure du tube intestinal; et depuis la publication de ses observations, plusieurs médecins ont suivi ses conseils et ont fait connaître à leur tour les résultats qu'ils ont obtenus et qui prouvent les effets avantageux de l'emploi du vin en médecine.

» Comme le vin employé par cette méthode doit être gardé et absorbé par l'économie pour produire l'effet qu'on en attend, il est de la plus grande importance qu'il soit non-seulement de la plus grande pureté, mais encore qu'il ne contienne pas dans sa composition intime des sels qui pourraient le rendre laxatif, ou une trop grande quantité d'alcool qui déterminerait un peu d'ébriété.

» Tous les vins rouges de la Gironde, et ceux récoltés en Bourgogne, remplissent toutes les conditions voulues pour ce mode d'administration du vin. »

Voici sur les vins du Médoc l'opinion de M. le docteur Le Gendre, dans son étude sur la *Topographie médicale du Médoc* (1) : « Le vin de Médoc, pris à doses modérées, est la

(1) Ch. Cocks. — Bordeaux et ses vins, classés par ordre de mérite. 2e édition par Ed. Féret, p. 87 et 88.

boisson la plus agréable et en même temps la plus hygiénique qu'on puisse trouver : il est tonique sans être excitant, il favorise l'appétit, active la digestion, et laisse après son usage un sentiment de bien-être marqué ; l'haleine est pure, la bouche fraîche, la tête libre, les facultés intellectuelles sont éveillées ; son action stimulante s'étend sur toutes les fonctions; il accélère la circulation, augmente la caloricité, il réchauffe et vivifie l'organisme. L'abus qu'on peut en faire n'a pas de conséquences très-fâcheuses ; on en ingère une quantité assez considérable sans amener l'ivresse et sans provoquer la moindre révolte de l'estomac, alors même que celui-ci est chargé d'aliments. Les excès répétés et prolongés ne portent pas un très-grand préjudice à la santé, et ne sont nullement comparables dans leurs effets aux excès alcooliques proprement dits. Comme moyen thérapeutique, c'est un agent précieux. Le vin de Médoc, pris modérément et assidûment, peut rendre de très-grands services, en agissant, soit par la stimulation de son alcool, soit par l'astringence de son tannin, soit par les propriétés particulières des sels minéraux qu'il contient, et surtout par l'action réparatrice de son tartrate de fer. »

Un ancien négociant en vins, M. Saint-Amand, a publié sur le vin de Bordeaux un ouvrage (1), dans lequel, après avoir indiqué par des citations historiques, qu'on avait pressenti, connu même la vertu de ce précieux breuvage dès le siècle dernier, affirme qu'aujourd'hui on peut proclamer et prouver que :

« Le vin de Bordeaux, bien pur et bien choisi, agit efficacement sur l'estomac tout en respectant le cerveau ; il maintient l'haleine pure et la bouche fraîche : ses fumées ne monteraient à la tête qu'autant qu'on en ferait un abus prodigieux ; autrement, il nourrit, fortifie et n'échauffe jamais.

« On supposa, pendant longtemps, que la quantité de tannin que contiennent les vins de

---

(1) Le vin de Bordeaux. — Promenade en Médoc, 1855, Paris, veuve Huzard.

Bordeaux, était le principe de leur qualité bienfaisante, sans faire attention qu'il existe beaucoup d'autres vins qui sont autant *tannifiés*, et qui n'ont pourtant aucune de ses propriétés hygiéniques.

» Pour résoudre cette question d'une manière satisfaisante, un membre distingué de l'académie des sciences de Bordeaux, M. J. Fauré, a soumis les vins des différentes parties de la Gironde à une analyse chimique comparée avec ceux de plusieurs autres départements et des pays étrangers ; ce n'est que dans les seuls vins de Bordeaux qu'il a pu constater la présence d'un sel ferrugineux, qu'absorbent probablement les racines de la vigne plongeant dans un sous-sol imperméable formé d'une espèce de poudingue de particules de fer nommé *alios*. Ce serait donc à la double combinaison de ce sel avec le tannin, qu'ils devraient leurs qualités précieuses et uniques, de fortifier les enfants, de ranimer les convalescents et de soutenir les vieillards. On sait en effet qu'un des meilleurs moyens employés par la thérapeutique, pour rétablir dans le sang appauvri la quantité de fer nécessaire à l'exercice normale des fonctions, consiste à donner ce médicament dissous dans un liquide, ce qui le rend ainsi bien plus facilement absorbable. Chacune de ces boissons imprime au sang une modification salutaire, en se mêlant plus ou moins avec lui pour influer ensuite sur le système nerveux.

» Le vin de Bordeaux est donc assurément la meilleure des tisanes à employer, soit préventivement, soit répressivement, pour maintenir la richesse du sang ou pour la lui rendre.

» Une attention importante est celle de ne tirer le vin en bouteilles que lorsqu'il a acquis sa maturité en tonneau, ce qui n'est guère avant la cinquième année. Acheter du vin nouveau est une folie de la part d'un consommateur, car il ne pourra le soigner dans sa cave particulière pendant plusieurs annés, et, pour peu qu'il l'oublie, on l'y néglige quelques mois, il aura perdu son vin, qu'il faut d'ailleurs remplir fréquemment et soutirer à des époques déterminées.

» La bouteille fait beaucoup de bien au vin de Bordeaux, et comme agrément et comme ton hygiénique. Six mois, un an, si l'on peut, sont nécessaires, on pourrait presque dire indispensables, entre le tirage en bouteilles et la mise en consommation. Bu à une température élevée, non-seulement le vin de Bordeaux est plus agréable, mais il est aussi plus bienfaisant que lorsqu'il est froid ou trop frais. Ce n'est pas à la température de la cave, mais à celle des appartements dans l'été, qu'il faut boire le vin de Bordeaux. »

M. le docteur Arthaud, qui a aussi publié un intéressant ouvrage sur les vins de la Gironde (1), me fournit, entre autres, les indications suivantes :

« A la campagne, chez la plupart des pro-

(1) De la vigne et de ses produits, par le docteur Arthaud, de Bordeaux, 1858, in-8°, Paris, veuve Huzard.

priétaires, sauf cependant quelques exceptions dans les régions des vignobles illustres, le vin est logé dans de grands chais, où la lumière et l'air pénètrent largement et d'une manière dangereuse pour la tenue des vins.

» Aussi le vin tiré de la cave doit-il être le plus tôt possible transporté dans les chais des négociants, disposés selon les préceptes de la science et de l'expérience pour sa bonne conservation.

» Les caves souterraines voûtées, où règne une température toujours égale, une obscurité profonde, et dont le sol est à l'abri des ébranlements des voitures, l'emportent sur tous les autres locaux destinés à recevoir des vins. Mais les caves ne contiendraient pas la millième partie des vins dont Bordeaux est l'immense entrepôt. Il faut donc les loger dans des chais placés dans des conditions qui se rapprochent le plus de celles des caves.

» Rarement, un chai situé dans une maison isolée sera dans de bonnes conditions ; l'épaisseur d'une muraille ne suffit pas pour préserver le vin des oscillations déterminées par le passage d'une forte charrette sur un sol pavé, et le garantir des variations de température. Les bons chais du quartier des Chartrons, à Bordeaux, sont situés au centre de carrés de maisons formés par des rues qui se coupent à angle droit. Les ébranlements occasionnés par le passage des voitures ne s'y fait pas sentir.

» Pour que les vins deviennent excellents, il faut qu'ils soient bien traités et sagement dirigés dans leur jeunesse. Abandonnés à eux-mêmes ou à des directeurs négligents ou incapables, ils prendraient des vices dont aucun soin ultérieur ne pourrait les débarrasser. Nulle part au monde les vins ne sont mieux gouvernés que dans les chais bordelais. »

Voici comme s'exprime de son côté M. A. D'Armailhacq, ancien magistrat et propriétaire dans le Médoc, auteur d'un ouvrage fort estimé, parvenu à sa 3e édition (1) :

---

(1) La culture des vignes, la vinification et les vins dans le Médoc, avec un état des vignobles d'après leur réputation. 2e édition. Bordeaux, 1858, p. 170, 172, 173.

« Ces vins, comme personne ne l'ignore, ne présentent pas tous la même distinction, et chaque vignoble a ses qualités particulières ; celles qui sont spéciales au Médoc, c'est la suavité et le parfum ; mais on y remarque une infinité de nuances, qui proviennent, d'après les analyses de M. Fauré, de la quantité plus ou moins considérable d'œnanthine qu'ils contiennent. C'est une substance particulière à laquelle le savant chimiste attribue l'agrément, la sève, la délicatesse particulière des vins, et qu'il a reconnu exister en plus grande proportion dans les grands vins que dans ceux d'une moindre qualité.

» Le prix de ces divers vins forme une progression descendante, et la distance qui sépare le plus élevé des plus inférieurs est très-considérable, en partant de Lafite et en descendant jusqu'aux paysans du Bas-Médoc.

» Et, cependant, les uns et les autres se vendent sous le nom de vins de Médoc. On doit sentir, d'après cela, combien il est essentiel d'être bien fixé sur le crû et sur l'origine, et qu'on a grand tort d'accepter aveuglément les vins offerts comme vins de Bordeaux...

» Malgré cela, les vins de Médoc, même les plus inférieurs, ont toujours un cachet qui leur est propre; c'est après quelques années qu'on le remarque ; et s'ils ont été bien soignés, ils finissent toujours par avoir de l'agrément. Exceptons-en, toutefois, ceux qui ont un goût particulier, assez désagréable, appelé goût de terroir, mais qui ne se rencontrent que dans quelques localités fort restreintes du Bas-Médoc. »

Pour compléter cette partie de mon étude sur les vins de Bordeaux, j'emprunterai quelques-uns des nombreux renseignements consignés dans le beau livre publié en 1865 par M. le docteur Aussel (1).

« Le vin, dit un œnologue célèbre, c'est un grand seigneur ; on ne saurait le loger trop

(1) La Gironde à vol d'oiseau ; ses grands vins et ses châteaux, par le docteur Aussel. Paris-Bordeaux, 1865. Dentu, Sieret, éditeurs, et au bureau du *Journal de Viticulture pratique*.

commodément, et rien ne doit être négligé sous ce rapport.

» Les grands propriétaires et les commerçants Bordelais connaissent et mettent en pratique cette maxime, de temps immémorial; leurs *chais* ou celliers sont splendides. On a pu constater que les caves des particuliers se trouvent rarement dans des conditions aussi favorables que celles des négociants; il est même démontré que, dans tel chai, le vin s'améliore, que, dans tels autres, il perd de ses qualités...

» Si vous entrez dans un bon chai qui sert depuis longtemps d'entrepôt à des vins de distinction, vous percevez aussitôt une odeur des plus suaves qui tient à la fois de l'anis et de la violette. On se croirait dans une sorte de parterre émaillé de fleurs. Un dégustateur ne s'y trompe jamais, et ces signes révélateurs lui suffisent pour juger de la qualité des vins.

» Chez les grands propriétaires du Médoc, de Saint-Emilion, de Sauterne, des Graves, les chais sont remarquables par leur développement et le nombre des barriques qu'ils peuvent contenir ; un ordre et une propreté admirables règnent dans toutes leurs parties.

» Les propriétaires et commerçants Bordelais mettent, dans le choix des tonneaux, autant de soins que dans la construction et dans l'emplacement de leurs chais.

» Il ne suffit pas d'avoir bien logé ses vins; ils réclament des soins incessants, tels que l'ouillage, le soutirage, le collage, le soufrage des tonneaux, soins dont les propriétaires et les commerçants Bordelais s'acquittent avec un succès assuré par une longue expérience.

» A Bordeaux, l'œnologie est un art, presque un sacerdoce, et les courtiers en sont les grands-prêtres ; les Girondins ont compris qu'il ne suffit pas de connaître à fond les meilleurs procédés de viticulture, de donner aux vins les soins les mieux entendus pour leur amélioration progressive.

» Vient ensuite le rôle non moins important du commerce qui se les approprie pour les distribuer à la consommation; mission d'autant plus délicate et difficile, qu'il n'est pas donné à tout le monde d'apprécier le mérite relatif des vins ; ce soin est dévolu aux courtiers qui forment une sorte de magistrature respectée et dont les jugements sont rarement réformés par le goût public ; ils dégustent et ils classent les vins avec une autorité que personne ne conteste, parce qu'elle a pour base une longue expérience et des facultés spéciales ..

» Mais où se procurer ces vins dont la qualité varie autant que le prix? telle est la question qu'on peut nous adresser et à laquelle nous nous empressons de répondre.

» Les bons vins de la Gironde, francs et purs de tout mélange, se trouvent, ou chez les propriétaires-producteurs, ou chez les principaux négociants de Bordeaux qui en sont les acquéreurs et les dépositaires.

» Quinze cents chais, grands, moyens ou petits, sont nécessaires pour les contenir.

» Les plus grands chais renferment au plus mille tonneaux ; mais il y a des négociants qui possèdent plusieurs milliers de tonneaux (1) qu'ils logent dans plusieurs chais communiquant les uns aux autres.

» Sur les quais des *Chartrons* et de Bacalan, chaque maison a sa façade donnant sur les quais ; sur les derrières, loin du bruit des voitures, se trouvent les chais dont la largeur varie de 10 à 14 mètres, et la longueur de 50 à 250 mètres, les chais de 250 mètres sont assez rares, et il n'en existe guère qu'à Bacalan et en Paludate...

» Les vins ainsi logés sont soignés d'après les procédés que nous apprécions plus haut, et dont l'efficacité est pour ainsi dire traditionnelle.

» Nous avons indiqué avec quels soins religieux on conserve et on améliore les vins à Bordeaux, et avec quel zèle les négociants propagent, dans toutes les parties du globe, les produits dont ils sont dépositaires. »

M. le docteur Aussel, ayant fait, pour son

(1) Le tonneau est composé de quatre barriques de 228 litres chacune.

ouvrage sur les grands vins de la Gironde, quelques emprunts à mon rapport sur le congrès de vignerons de Bordeaux en 1843, je me suis trouvé heureux d'avoir pu lui donner ici les mêmes preuves d'estime.

Indépendamment de la sollicitude avec laquelle les propriétaires Girondins veillent à ce que les soins les plus intelligents soient toujours donnés à leurs vins, il en est parmi eux qui professent presque un culte pour leur cave, ainsi que le prouve l'extrait suivant de mon susdit rapport sur le congrès de vignerons de Bordeaux, en 1843 :

« Un autre cellier nous fut signalé comme curieux à visiter, et nous nous rendîmes, après l'une de nos séances, chez M. Destourmel, son propriétaire. M. Destourmel nous reçut avec la plus parfaite urbanité; mais comme il n'avait pas été prévenu de notre visite, il donna immédiatement quelques ordres et nous pria d'attendre qu'ils fussent remplis. Au bout d'un quart d'heure, le cellier nous fut ouvert, et notre étonnement fut tel qu'il le disputait à notre admiration. Une lumière éblouissante inondait l'enceinte où nous avions pénétré : cinq lustres à bougies, suspendus à la voûte, la répandaient à profusion de tous côtés ; un parquet convenablement entretenu couvrait le sol ; les casiers qui contenaient les bouteilles présentaient l'élégance et la richesse des décors qui distinguent les rayons d'une bibliothèque ; enfin, nos salons les plus recherchés ne présentent pas un plus grand luxe que la cave où M. Destournel entasse avec amour son délicieux vin de *Cos.* »

En développant ainsi ces nombreux renseignements, j'ai voulu profiter de tous les documents déjà publiés, pour faciliter l'appréciation de la valeur et du mérite des vins de Bordeaux, qui par leur importance et leurs qualités peuvent exercer une si grande influence sur notre alimentation.

Les vins de la Gironde étant, à juste titre, considérés comme recevant les soins les plus attentifs et les plus intelligents ; et les produits de nos autres vignobles devant être traités à peu près de la même manière, j'ai pensé que la connaissance de ce qui se pratique dans le Bordelais indiquerait suffisamment les procédés qu'on pourrait lui emprunter ailleurs, pour arriver à des résultats analogues, et contribuerait en même temps à faire comprendre le côté hygiénique de l'usage du vin.

M. le docteur Bouchardat plaçant en première ligne, au point de vue alimentaire, le vin produit par le *Pineau de Bourgogne*, récolté, dans une année favorable, sur un sol convenable et ayant atteint sa cinquième année ; je vais immédiatement m'occuper de ce rival, bien moins répandu que le Bordeaux, à cause de son prix élevé.

M. le docteur Gaubert dit que les *vins de Bourgogne* et de Beaujolais de première classe, joignent à un éclat incomparable, une finesse exquise de goût et un arome spiritueux ; que l'arome pour les vins de Bourgogne varie selon les crûs et les années, plus que pour ceux d'aucun autre pays.

D'après la topographie de Julien, « les vins

des départements que forme l'ancienne Bourgogne se présentent sous trois noms différents, et se distinguent par des caractères qui sont particuliers à chacun d'eux ; ceux du département de l'Yonne, connus sous le nom de *Basse-Bourgogne,* sont en général moins pourvus de spiritueux, de sève et surtout de bouquet que ceux de la Côte-d'Or ; ceux du département de la Côte-d'Or, plus connu sous le nom de *Haute-Bourgogne,* réunissent toutes les qualités qui constituent les vins parfaits. Dans ces vins, le corps ne nuit pas à la délicatesse, la moelle ne les rend ni pâteux, ni fades ; la légèreté ne provient pas du manque de force, de chaleur et de goût ; enfin le spiritueux ne les rend pas trop fumeux. Les vins de Saône-et-Loire et de l'arrondissement de Villefranche (Rhône), connus sous le nom de *vins de Mâcon,* diffèrent de ceux de la Haute-Bourgogne en ce qu'ils ont moins de parfum ; ils ont aussi une moelle plus épaisse et beaucoup moins délicate ; sans être pâteux, ils ont ce qu'on appelle de la mâche ; celle-ci est estimée dans la plupart, et annonce la présence de qualités qui se développent à mesure qu'ils vieillissent. Du reste, les vins des premiers crûs de ce pays ont beaucoup d'analogie avec plusieurs de ceux de la seconde classe de la Côte-d'Or ; ils se présentent souvent sous leur nom et soutiennent très-bien la comparaison. »

Les vins du Midi, par leur importance dans l'alimentation, méritent ensuite l'une des premières mentions. Leur groupe se distingue entre tous par l'uniformité de ses qualités et de ses défauts.

Suivant M. P. Gaubert : « cette tribu de vins, grâce au climat et au mode de fermentation déterminé en partie par la proportion entre les corps qui constituent le moût, offre le caractère exceptionnel, en France, de contenir en quantité *souvent surabondante* la plupart des éléments qui constituent le vin. Beaucoup d'alcool, beaucoup de tannin et de matière extractive, beaucoup de matière colorante, en font des vins chauds et toniques à l'excès, pour ceux des habitants de notre pays qui n'en ont pas contracté l'habitude de bonne heure. La proportion insuffisante des sels en rend plusieurs peu sapides et pâteux pendant les premières années.

» L'aptitude des éléments (*matière extractive, tannin, matière colorante et sels*) à voiler l'action stimulante et chaude de l'alcool, se manifeste dans les vins du Midi de la manière la plus évidente. Tant qu'ils sont jeunes, en effet, tant qu'ils restent épais et hauts en couleur, ces vins, qui contiennent alors 16 et 17 pour 100 d'alcool, produisent sur la bouche et sur l'estomac une sensation beaucoup moins vive, beaucoup moins soudaine, que des vins de Bourgogne du même âge, où la proportion d'alcool ne s'élève guère au-dessus de 12 ou 13 pour cent.

» Si les consommateurs, dit encore M. le docteur Gaubert, pouvaient savoir ce que ces vins solides rendent de services à tous les autres vins de France, même aux grands vins dans les mauvaises années; si nous pouvions leur dire combien de milliers de barriques achetées et bues par eux, comme de bons Bourgogne ou de bons Bordeaux d'ordinaire, n'auraient été qu'un maigre breuvage sans leur secours dans les bons coupages, ils nous demanderaient de prolonger ces détails sur des amis si précieux. Qu'il leur suffise de savoir que, pour le commerce, ces vins sont le chiffre significatif qui donne aux zéros fournis par plus de vingt départements, la haute valeur qu'ils atteignent dans les grands centres de population : spiritueux, corps, solidité, tout ce qui est essentiel leur appartient, quand ils sont faits avec soin. »

Les vins rouges de la Loire ont aussi acquis une grande importance par suite de la faveur méritée dont ils jouissent sur la place de Paris. Ils se recommandent la plupart par leur couleur foncée, leur bon goût, le corps, le spiritueux et le mordant. Ils sont en partie utilisés dans les coupages, pour lesquels ils ont un mérite incontestable, pour fortifier les vins faibles. Ceux de Joué, Bourgueil et Saumur sont plus estimés et présentent des qualités analogues à celles des vins de Bordeaux ordinaires, étant produits par des plants similaires.

L'opinion de M. le docteur Jules Guyot vient à l'appui de cette assertion : « C'est le *Breton*, dit-il, qui donne le bon vin de Champigny et des environs de Saumur, dans Maine-et-Loire ; ceux de la Châtre et Château-du-Loir, dans la Sarthe ; ceux de Bourgueil, dans Indre-et-Loire ; et ces vins, dans les grandes années, sont admirables et réunissent tous les mérites désirables pour les vins alimentaires de toute qualité : saveur ferme et agréable, bouquet suffisant, couleur parfaite, générosité, action digestive et tonique prolongée. Le vin de *Breton* est un produit qui devrait se multiplier de confiance, partout où le cépage précieux qui le donne peut mûrir ses fruits (1).

Le plant de *Carmenet Sauvignon*, aussi du Bordelais, introduit il y a 25 ans dans l'arrondissement d'Angers, où il s'est propagé rapi-

---

(1) Etude sur les vignobles de France, par le docteur Jules Guyot, tome II, page 614. Paris, 1868, in-8°, Victor Masson et fils.

dement, donne dans les sols argileux des vins rouges alimentaires, réunissant au plus haut degré les bonnes conditions de ceux de la Gironde, dont ils conservent le parfum, la délicatesse et la tenacité.

Les leçons inépuisables de l'éminent professeur M. Bouchardat, me fournissent encore dans un autre recueil (1) les remarques suivantes :

« Les vins de l'Hermitage rouges devraient peut-être être classés parmi les vins mixtes ou complets ; mais bus dans leur primeur, ils ont une vigueur qui, tout d'abord, peut ne pas charmer. Comme ils s'associent heureusement aux produits des meilleurs crûs de la Gironde, ils leur donnent à la fois une grande finesse, une puissance de conservation, un arome admirable. Ils sont si bien appréciés par les habiles sommeliers de Bordeaux, qu'ils ont, pour ainsi dire, disparu du commerce.

(1) Annuaire de thérapeutique, de matière médicale, de pharmacie et de toxicologie pour 1862, par A. Bouchardat. Paris, Germer Baillière, p. 236 et 237.

» Les vins du Rhin sont très-dignes de notre attention : un cépage comme le Riesling, qui donne un vin si distingué dans une région où nos fins cépages de Bourgogne ne pourraient souvent atteindre une complète maturité, devrait, étant transporté sur nos coteaux, nous donner des produits remarquables. Parmi les acclimatations à tenter dans nos contrées de la Basse-Bourgogne, où si souvent la vigne gèle, où le raisin mûrit mal, celle du cépage qui fournit le vin du Rhin m'a paru la mieux indiquée. »

Quant aux vins blancs, on ne peut guère considérer comme vraiment alimentaires et hygiéniques, que ceux qui ont été cuvés comme les vins rouges, en contact avec le marc des raisins.

Cette opération du cuvage des vins, n'est guère en usage que dans quelques-uns de nos vignobles; dans les arrondissements d'Agen et de Nérac (Lot-et-Garonne), d'Alais (Gard), de Gaillac (Tarn), et surtout dans ceux de Wissembourg et de Schelestadt (Bas-Rhin).

Suivant Cavoleau (1), cette pratique y est motivée par la nécessité de procurer au vin, pour sa conservation, la saveur austère que lui donne la grappe.

En ce qui concerne les vignobles de l'Alsace, M. G. Joigneaux (2), a propos des vendanges de Ribeauvillé, confirme ainsi l'usage qu'on y fait de ce procédé : « Les raisins blancs coupés, sont transportés dans de petites cuves, contenant environ 2 hectolitres. Une fois remplies, on les charge à bras sur des voitures, au nombre de 8 ou 10 par voiture, et on les conduit dans des celliers, où, après un foulage, les raisins fermentent sur grappes environ 24 heures. On les presse ensuite, et on verse le moût dans des foudres, etc... »

D'autres œnologues, tels que le comte Ódart, Puvis, Louis Leclerc, ont constaté l'exactitude de cette assertion.

---

(1) Œnologie française. Paris, 1827, page 402.

(2) Le livre de la ferme et des maisons de campagne, publié sous la direction de M. G. Joigneaux. Paris, 1863. Tome II, page 383.

Le cuvage des raisins contribue puissamment, dans les grands vignobles des bords du Rhin, à donner à leurs vins cette saveur austère, cette finesse et ce bouquet aromatique, qui les fait tant rechercher des Allemands et des Anglais.

D'après Jullien (1), « le goût sec et acide qui les caractérise, loin d'être grossier et corrosif, est fin, délié, et constitue une partie du mérite de ces vins ; car il sert à neutraliser le soufre, qui, sans cela, se porterait avec trop de violence dans le sang. Les vins du Rhin sont très-sains et diurétiques ; ils n'attaquent pas les nerfs, et ne troublent la raison que quand on en boit avec excès. »

Ainsi, à défaut de vins rouges dont la notoriété lui serait assurée, le consommateur pourrait trouver chez les propriétaires de vignes blanches qui voudraient s'y prêter, des vins blancs contenant les mêmes éléments, et aussi

(1) Topographie de tous les vignobles connus, par A. Jullien. Paris, 1816, pages 409 et 410.

alimentaires et hygiéniques que les vins rouges naturels.

M. le professeur Bouchardat, en établissant en tête de sa classification des vins rouges et blancs, ceux dans lesquels domine un des principes essentiels du vin, insiste sur l'importance de cette division première, qui constate, ou l'harmonie des principes immédiats que l'on trouve dans le vin, ou la prédominence de l'un de ces principes. Voici comment il s'exprime à ce sujet (1) :

« La division des vins alcooliques comprend les vins dont le Madère et le Marsala sont le type. Ces vins, tels qu'ils sont livrés par le commerce, sont presque toujours suralcoolisés, ils contiennent jusqu'à 25 pour 100 d'alcool, et la fermentation n'en développe que 15. Ils sont donc alcooliques et parfumés, ils remplacent utilement l'eau-de-vie ; administrés en petite quantité, ils peuvent être utiles aux convalescents et aux vieillards.

(1) Annuaire thérapeutique, année 1862, pages 235 et 236.

» Les vins alcooliques et sucrés sont aussi recommandables aux mêmes titres ; ils sont également caractérisés par une saveur spéciale : quelques-uns, comme le Lunel et le Banyuls sont les produits directs de la fermentation du suc de raisin ; les autres, comme le Malaga et l'Alicante, proviennent de sucs réduits à l'aide de la chaleur, et sont souvent, en outre, alcoolisés. Je suis convaincu qu'avec nos grands cépages français, les pineaux blancs, les sauvignons, les Riesling ou les Pulsarts, on obtiendrait des vins liquoreux supérieurs à ceux que l'étranger nous envoie. Nous employons un procédé d'une exécution plus difficile, celui d'évaporer l'eau des raisins en les conservant sur la paille. On obtient ainsi des vins d'une délicatesse incomparable. Rien, comme vin de dessert, ne doit être placé au-dessus des vins de paille de l'Hermitage, des vins de paille d'Arbois, bien réussis, ou de ceux que le comte Odart a préparés par des procédés analogues avec nos pineaux gris.

« Je suis convaincu qu'en suivant cette voie,

on pourrait produire en France économiquement des vins délicieux, qui vaudraient mieux pour les convalescents et les malades épuisés que les meilleurs cordiaux. »

On peut aussi classer dans cette catégorie un autre vin de liqueur sur lequel le docteur Jules Guyot s'exprime ainsi (1) :

« C'est sous le climat et sur le sol de Saint-Gilles, que le docteur Baumes a planté le furmint, dont il a fait ce bon vin de Tokai-Princesse, si justement, si bien apprécié dans l'*Ampélographie française.* J'ai goûté le vin de Tokai-Princesse du docteur Baumes ; je suis assez heureux pour avoir du véritable Tokai impérial de Hongrie, et je déclare qu'à part une nuance de finesse et de suavité qui tient à la différence d'âge, sans doute, le Tokai-Princesse vaut les excellents Tokais de Hongrie ; mais, surtout, j'affirme qu'il leur ressemble pour l'arome et la saveur, aussi com-

(1) Etude sur les vignobles de France, tome I, Gard, page 216.

plétement qu'un bon vin muscat ressemble à un bon vin muscat. »

A l'appui de l'opinion de l'éminent professeur de la faculté de médecine, je crois devoir citer ici l'extrait d'une lettre récente d'un docteur distingué de la capitale : « Je viens par moi-même de faire une singulière épreuve de la puissance alimentaire et tonique du vin : il y a trois mois je ne pouvais plus manger quoi que ce soit ; la première bouchée d'un aliment quelconque était à l'instant vomie. Un de mes confrères me dit qu'un de ses malades, dans la même position, s'était rétabli en prenant le vin d'Alicante, par petits verres, de deux heures en deux heures. J'avais un excellent vin de Monbazillac (Bergerac). J'en pris immédiatement un petit verre, et je continuai 24 heures. Le lendemain, j'ai pu prendre des potages, et le 3e jour j'étais rétabli. Je laissai de côté le Monbazillac, et deux jours après j'étais retombé dans le même état. Je le repris donc à la dose d'un petit verre le jour et un la nuit, et je dois à cet usage de pouvoir vous écrire aujourd'hui, et peut-être un prochain retour à un meilleur état de santé. »

En passant en revue les produits principalement alimentaires d'une partie de nos vignobles, j'ai eu spécialement pour but d'affirmer combien il était nécessaire de rechercher, avant de faire un usage habituel d'une qualité de vin, les résultats plus ou moins avantageux qu'on pouvait en attendre au point de vue hygiénique. En groupant ainsi les quelques renseignements qui sont parvenus à ma connaissance, et cherchant à attirer l'attention sur un sujet qui me paraît si important, j'ai espéré que quelqu'un de plus compétent voudrait bien entreprendre de le traiter à fond, et rendre à l'hygiène publique un service dont on pourrait immédiatement recueillir les bienfaits.

Des vins et de leur emploi dans le traitement des maladies.

Je dois à M. le professeur Bouchardat la connaissance d'une thèse pour le doctorat en médecine, soutenue en 1862, à la faculté de médecine de Paris, par M. le docteur Ad. Faivre, de Besançon, qui a bien voulu me l'offrir.

J'en présenterai ici quelques extraits, afin de démontrer plus complétement encore les heureux effets produits sur la santé par cette saine boisson.

Voici dans quels termes le savant auteur présente son sujet :

« Il n'existe peut être pas dans la matière médicale de substance qui soit plus fréquemment et plus universellement employée que le vin ; il n'en est pas non plus qu'on prescrive avec plus d'indifférence et moins de soucis de sa composition, ainsi que des effets variés que peut produire chaque espèce. Buvez du bon vin, entend-on répéter chaque jour à un convalescent ; et là-dessus ce dernier de choisir le flacon qui satisfait le mieux sa fantaisie. S'agit-il d'une maladie aiguë, le vin ne participe au traitement que d'une façon tout à fait accessoire..

» C'est à tort suivant nous. Mais en réfléchissant à une défaveur que le vin est si loin de mériter, nous n'avons pas été longtemps sans en trouver la cause. Le vin, en effet, n'a pas, comme certains remèdes dont le danger égale la puissance, le privilége de produire immédiatement, à petites doses, des effets perturbateurs et énergiques, qui arrachent le malade à une mort certaine, en même temps qu'ils font briller les ressources d'une thérapeutique prudente et habile....

» Mais le vin, qui n'agit en général qu'à plus longue échéance, dont les effets continus, mais insensiblement gradués, ne sont pas aussi éclatants, et passent volontiers pour un effet de la nature médiatrice, le vin est resté dans un oubli à peu près complet, c'est à peine s'il a fixé l'attention des auteurs...

» On doit applaudir le médecin qui développe aux yeux des masses le dégoûtant tableau des misères produites par les excès alcooliques. Mais s'il fait voir en parallèle la riante image de la santé conservée, de la maladie détruite par une réglementation sage des mêmes liqueurs, n'aura-t-il pas quelque droit aussi à la reconnaissance...

» Frappé d'un pareil délaissement et témoin, dans plusieurs circonstances, de succès incontestables dus aux vins, nous avons voulu appeler l'attention sur cette route encore inexplorée, en même temps que nous essayions, mais non sans crainte, de nous y frayer un passage. Nous laissons à de plus habiles le soin de l'aplanir et de le parcourir jusqu'au bout. »

Dans l'impossibilité de suivre le docteur Faivre dans ses curieux enseignements historiques sur l'usage des vins en médecine, qu'il fait remonter à la plus haute antiquité, et suit pas à pas en travers les siècles jusqu'au *traité* allemand de Lœbenstein-Lœbel, traduit en français, en 1817, par Lobstein, sous ce titre : *Traité sur l'usage et les effets du vin dans les maladies dangereuses, et sur la falsification de cette boisson ;* je me contenterai de les mentionner. Il en sera de même de l'histoire de la vigne et de ses divers cépages.

Quant à ce qui concerne la fabrication et la composition des vins des qualités diverses, je m'abstiendrai aussi de m'en occuper de nouveau pour éviter de revenir sur un sujet que j'ai déjà assez longuement traité.

Pour ce qui concerne le grand nombre de substances qui entrent dans la composition du vin, dont une partie s'y trouve en quantités tellement minimes, que l'analyse n'a pu que les constater sans pouvoir en établir le dosage, ces substances ne pouvant exercer aucune influence sur l'économie, le médecin n'a point à s'en préoccuper ; et d'après l'opinion du docteur Faivre, il ne doit pratiquement rechercher dans un vin que l'alcool, le sucre, le tannin, les sels et principalement le bitartrate de potasse, et les acides, matières qui toutes, suivant lui, jouent un grand rôle dans la nutrition. Aussi, dit-il, « nous avons donc à reconnaître quels sont les vins où prédomine une de ces substances, que la nature les y ait apportées ou que l'art les y ait soit développées, soit maintenues. Le remède une fois reconnu, l'appli-

9.

cation à la maladie suivra d'elle-même. . . .

» D'après les détails dans lesquels nous venons d'entrer sur la composition du vin, ajoute M. le docteur Faivre, on voit que ce n'est pas sans raison, mais par la complexité et la variété des éléments réparateurs, que l'homme en santé y puise, que ce liquide a pris une place si importante dans l'alimentation, et justifie l'aphorisme d'Hippocrate : *Famen vini potio solvit* (Aphor., 11, 21). Cherchons les ressources que le même organisme y trouvera dans le cours de ses maladies.

Voici à ce sujet comme s'exprime M. le docteur Faivre : « Nous ne parlerons pas des distinctions à établir pour le traitement par le vin, en vue de l'âge, du sexe, du tempérament, de la constitution, etc., états qui sont en général moins importants à considérer que la maladie qu'on a à combattre. Chaque manière d'être physiologique a d'ailleurs presque toujours les manifestations pathologiques distinctes.

» Un point bien autrement sérieux dans la prescription du vin, c'est qu'il faut avoir singulièrement égard à l'usage qu'en avait fait le malade, ou à l'habitude qu'il en avait contractée. »

M. le docteur Faivre, après avoir étudié avec un soin infini ces généralités, dont je n'ai pu qu'indiquer les traits les plus saillants, examine successivement les maladies dans lesquelles le vin a été employé comme remède. Pour faire comprendre toute l'importance que l'auteur attache à chacune des parties qui constituent son œuvre, j'en extrais les passages suivants :

« C'est dans la fièvre adynamique que le vin a eu le plus grand succès. Dans ce cas, la lenteur et la petitesse du pouls, le refroidissement du corps, la prostration extrême, les déjections fétides sont avantageusement combattus par l'emploi de ce remède. Chomel et Louis sont partisans de cette médication : selon ces auteurs, la faiblesse semble alors d'autant plus facile à combattre qu'elle est plus considérable. Nous préférons le vin de Bordeaux mêlé par moitié à des boissons sucrées, car il renferme moins d'alcool et plus de tannin que le Bourgogne. M. Grisolle, dans l'adynamie extrême, prescrit les vins d'Alicante et de Madère, de Malaga, de Banyuls, donnés purs à la dose de 125 à 250 grammes. Le Malaga doit être choisi à cause de la quantité de matières extractives et sucrées qu'il renferme. « Ce traitement énergique, dit M. Grisolle, produit souvent de véritables résurrections, et conserve la vie à des malades dont l'état semblait désespéré. » Dans tous les cas, d'après l'avis de la plupart des médecins qui l'ont employé, et surtout des médecins anglais, il faut, quand on juge le vin utile, le donner en assez grande quantité, si l'on veut être sûr de son effet.

» Frédéric Hoffmann regarde le vin comme le meilleur remède préservatif de la peste aussi bien que de toute autre maladie contagieuse. Il faut, dit-il, en prendre le matin à jeun et entre les repas. Desgenettes, en Egypte, a bravé impunément le fléau : c'est grâce à son courage héroïque, mais aussi à l'usage qu'il faisait des spiritueux très-étendus et à petites doses...

» Sachs regarde le vin rouge comme très-utile dans la dyssenterie, et il raconte que dans son enfance, atteint de cette maladie, il ne fut sauvé que par l'usage de ce vin. Ferrey rapporte une observation du professeur Thillaye, dans laquelle on voit une jeune femme guérie en six jours d'une dyssenterie maligne par l'usage du vin de Beaune ; de plus, sa santé, auparavant débile, devint très-bonne par l'usage continu de ce remède...

» Le traitement antiphlogistique ne convient nullement dans les phlegmasies chroniques. Les toniques, au contraire, sont conseillés toutes les fois qu'il y aura pâleur et mollesse des tissus, sécheresse de la peau, amaigrissement, altération de la face et diminution des globules sanguins. Il faut ranimer les fonctions de nutrition que l'état souffrant des organes rend languissantes et incomplètes.... Cette médication, en honneur avant Broussais, avait disparu devant la doctrine despotique des inflammations et de la diète perpétuelle. Aussi voyait-on, à cette époque, un nombre considérable de ces affections qu'on enveloppait sous le nom bien commode de gastrite chronique, état languissant et atonique de l'estomac qu'on entretenait avec soin par un régime débilitant. Mais vint un homme qui comprit combien une maladie pareille était éloignée de l'inflammation, et qui saisit en même temps tout le parti que l'on pouvait tirer des toniques en pareil cas. Il se mit à prescrire des viandes rôties au lieu de bouillon de poulet, des vins généreux en guise de tisane, et bientôt le succès inouï qu'il obtint vint fonder sa fortune et sa réputation. J'ai nommé Benoch, l'auteur de la médecine naturelle. Ce mode de traitement a toujours été continué depuis avec d'aussi beaux résultats ; il est, en effet, le seul rationnel et efficace, l'expérience l'a démontré...

» La persistance dans les hémorrhagies actives comme dans les hémorrhagies passives amène constamment une anémie que la cessation des accidents ne fait pas disparaître. Pour combattre cet état, les ferrugineux sont employés avec avantage, mais le vin associé au fer a rendu des services que plusieurs auteurs ont signalés. On doit dans ce cas prendre un demi-verre de Bordeaux trois ou quatre fois par jour, surtout à jeun et entre les repas. La répugnance qu'éprouvent certains anémiques à prendre du vin à jeun est promptement vaincue par l'habitude...

» Comme remède physique, dans toutes les névroses, quelle que soit leur nature, où la nutrition est languissante, le sang altéré, et, par suite, la constitution affaiblie, le vin sera également employé avec succès. Il faudra prescrire un vin modérément alcoolique, chargé plutôt de principes extractifs et astringents ; tels sont les vins rouges de Bordeaux. Les astringents ne permettent pas à l'alcool une absorption aussi prompte et des effets excitants aussi prononcés. Si c'est principalement la digestion qui souffre, il faudra, au contraire, donner des vins où l'alcool et les acides dominent, afin d'exciter la sécrétion du suc gastrique. Les vins de Bourgogne et une dose légère de vins de liqueurs seront donnés avec avantage pour satisfaire à cette indication...

» Aussi nul remède, après les ferrugineux, ne convient mieux que les vins rouges de Bourgogne dans la chlorose, surtout lorsque l'irritabilité est diminuée, mais que le sang reste altéré, que les fonctions intellectuelles sont parfois troublées, et qu'il existe de la faiblesse des organes digestifs, avec appétit désordonné et bizarre...

» Pour notre compte, nous n'avons pas hésité à prescrire le vin rouge à jeun et à dose modérée dans certains cas de mélancolie hypocondriaque, et ce moyen a produit une prompte amélioration. Tissot parvint à rétablir la santé d'un jeune homme que les abus vénériens avaient jeté dans l'épuisement nerveux et l'hypocondrie en lui faisant prendre à ses repas d'excellent vin de Bourgogne étendu de moitié d'eau...

» D'après Boquillon, le vin est rarement nuisible dans la goutte; mais il faut éviter les vins acides dont un seul verre, chez quelques personnes, suffit pour ramener les accès. Brown déclare qu'il se guérit de la goutte inutilement combattue par les antiphlogistiques, en faisant usage du vin et de l'opium. Il traitait, comme il le dit lui-même, la goutte *inter pocula.* Sydenham, qui souffrait de cette maladie douloureuse, dit que rien ne lui réussit mieux que le vin des Canaries dont il prenait un verre de temps en temps suivant le besoin. Barthez, pour prévenir les accès, donnait le vin rouge après le dîner et à l'heure du sommeil. Van Swieten, Hoffmann, recommandent le vin de France ou d'Espagne non acide, dans l'intervalle des paroxysmes de goutte, chez les vieillards, dont les digestions sont languissantes. D'après Habenstein, le vin de Bourgogne est indiqué dans la goutte quand il n'y a pas de symptômes d'inflammation, que le pouls est petit, la digestion troublée, quand l'urine abandonne un dépôt crayeux, et qu'il y a, en même temps que la prostration physique, un abattement moral avec craintes perpétuelles...

» Les auteurs s'accordent à faire entrer le vin dans le traitement hygiénique des intoxications chroniques. Nous ferons remarquer que le vin entre dans le traitement le plus célèbre et le plus employé parmi les autres, le traitement de la charité, auquel Mérat, MM. Tanquerel des Planches et L'Herminier, attribuent presque l'infaillibilité malgré sa complication. On y trouve une formule de lavement (lavement anodin des peintres : vin, 375 grammes; huile de noix, 187 grammes) dont on a reconnu la grande utilité, puisqu'on l'administre tous les jours pendant la durée de la médication...

» Deux mots caractérisent l'ensemble des symptômes généraux de la convalescence : faiblesse et susceptibilité; tonicité diminuée, sensibilité accrue. Le vin semble merveilleusement approprié pour combattre ces deux états. Contre la faiblesse, tout le monde l'emploie. Quant à la susceptibilité, elle dépend d'un manque d'équilibre et d'harmonie entre les fonctions renaissantes, par suite de l'hématose incomplète que procure aux centres nerveux un sang altéré; mais nous avons fait voir, dans plusieurs cas analogues, combien le vin était utile pour régulariser ce désordre transitoire. Aussi tous les auteurs, tous les praticiens, dès les premiers temps, ont-ils préconisé d'une voix unanime le vin dans le traitement de la convalescence. Nous n'avons ici que l'embarras du choix des citations. Après le potage, dit Hippocrate, on donnera des aliments solides aux convalescents, qui par dessus boiront un vin odorant. Dans les convalescences longues, où le malade a de la peine à se remettre, Pringle recommande la panade faite avec du vin, et Huxham, du vin mêlé avec de la gelée de corne de cerf ou du sagou. S'il existe un manque d'appétit, une grande faiblesse nerveuse, de la tristesse, de la mélancolie, du dégoût de la vie, lorsque les convalescents ressemblent à des ombres ambulantes et ne se relèvent que très-lentement de leur maladie, on donnera, d'après Hœbenstein, pour tout médicament, le vin vieux de Madère pur, et à doses modérées. On en obtient les plus heureux effets; bientôt les forces qui étaient épuisées se relèvent, et la convalescence s'opère avec une rapidité étonnante...

» On prescrira le vin de bonne heure aux sujets épuisés, mais exempts de toute susceptibilité gastrite, surtout aux vieillards qui ont tant de peine à se relever après toute maladie. Un peu de vin pur et généreux, ajoute M. Michel Lévy, active la digestion des convalescents...

» Tout en reconnaissant l'excellence de ces conseils, nous nous permettrons de faire remarquer que la prescription du vin de Bordeaux demande à être soumise à certaines règles tirées de l'état digestif des convalescents. Nous ne voyons pas dans ce vin, qui après tout n'est qu'un vin froid, les qualités qui l'ont fait placer d'une manière exclusive à la tête des autres : c'est néanmoins une croyance tellement enracinée dans le vulgaire ıais propagée, il faut le dire, par bien des édecins), que celui-ci se l'administre à tout 'opos et souvent à contre-sens...

» Aussi sommes-nous persuadés qu'il ne ut pas prescrire le vin de Bordeaux à un ınvalescent avant de s'être rendu compte de ètat plus ou moins atonique de son estomac. n doit surveiller avec rigueur la manière nt le vin est supporté, et se défendre d'une ndescendance périlleuse au goût des mades. Si l'estomac est lent à sécréter le suc .strite, les principes astringents du vin de ırdeaux ne feront qu'augmenter cette comication de la convalescence. Le Bourgogne t un vin autrement stimulant et chaud que Bordeaux ; c'est chez lui qu'on rencontre tte heureuse pondération de l'alcool et des ides, et les convalescents à digestions passeuses s'en accommodent bien mieux que s meilleurs crûs du Bordelais...

» Le vin pur est trop excitant, à moins qu'il soit pris en petite quantité à la fin du repas pour faciliter la digestion. C'est à ce moment qu'il faut employer les vins de liqueur, qui communiquent à l'estomac une chaleur douce et irradiante, dont l'effet est de relever rapidement le système des forces. Ils sont très-utiles aux convalescents, sauf les cas assez rares où ils deviennent d'une digestion un peu difficile. Ils doivent être donnés à la dose d'une ou deux cueillerées, mais on doit s'en abstenir quand les digestions stomacales sont beaucoup acides... »

Ne devant traiter ici que d'une manière très-subsidiaire le vin au point de vue médical, il ne m'est pas possible d'étendre, comme je le désirerais, mes emprunts à la thèse toute spéciale de M. le docteur Faivre. J'ai néanmoins l'espoir que ces quelques citations pourront faire comprendre tout le parti que la médecine aussi bien que l'hygiène peuvent tirer de l'emploi du vin.

M. le docteur Faivre, en résumant dans son intéressante thèse toutes les observations qu'il

pu recueillir sur cet important sujet, a sin-
lièrement facilité la tâche du savant prati-
en qui voudra entreprendre l'étude appro-
ndie des vins au point de vue de la médecine
de l'hygiène.

TROISIÈME PARTIE

APPRÉCIATION

ET

CONSERVATION DES VINS

APPRÉCIATION

ET

CONSERVATION DES VINS

Dégustation.

Pour être assuré que les vins qu'on se propose de consommer sont bien réellement des vins alimentaires et hygiéniques, comme on les désire, il faut pouvoir être à lieu d'en apprécier la qualité et la valeur.

Le moyen qui se présente le plus naturellement pour obtenir ce résultat, est celui offert par la dégustation. Quoique délicate, difficile à opérer convenablement et exigeant par ce motif une grande attention, la dégustation, ou plutôt l'estimation complète à l'aide de la vue, de l'odorat et du goût, arrive à la constatation du mérite des vins qu'on y soumet.

A l'aide de l'organe de la *vue*, on peut bien saisir la couleur du liquide, partie importante de ses perfections, et qui résulte d'influences diverses, d'espèces, d'âge, de culture et de vinification.

Puis, par l'*odorat*, on cherche à discerner les effluves délicates qui se croisent, se mêlent et se dominent tour à tour.

Le *goût* vient enfin terminer l'appréciation, quand la langue, le palais et l'arrière-bouche ont été soigneusement interrogés; ce qui permet alors d'être fixé sur le mérite du vin soumis à cette triple épreuve.

M. le docteur Jules Guyot (1), ayant traité *ex professo* et avec une merveilleuse perspicacité les détails infinis qui constituent l'art délicat de la dégustation, je crois devoir em-

(1) Culture de la vigne et vinification. 2e édition, Paris, 1864, pages 371, 373 et 374.

prunter au chapitre qu'il y a consacré les faits saisissants, au moyen desquels il définit les impressions diverses et multiples qu'éprouve à cette opération chacun de nos organes qui y prennent part. En les analysant aussi succinctement que possible et les dégageant des définitions scientifiques, ces explications pourront faire comprendre toute la portée des résultats d'une bonne dégustation.

D'après l'éminent docteur, le vin, dans son appréciation, est sujet à deux juridictions, l'une toute sensuelle, l'autre toute physiologique.

L'appréciation sensuelle du vin se rapporte à trois de nos organes, la vue, l'odorat et la bouche.

Par la vue, on doit trouver la limpidité et la couleur franche, qui sont des signes favorables, les apparences contraires accusant des défauts réels dans le vin.

Par l'odorat, on peut juger du bouquet ou arome du vin, qui, plus ou moins caractéristique de chaque espèce de vin, est un signe certain de la qualité.

L'arome, comme la couleur, est un signe favorable ou défavorable, agréable ou désagréable; mais comme le vin recherché est une boisson alimentaire avant tout, il est très-bon et très-heureux que la vue et l'odorat en soient flattés, en passant; cependant il faut aussi que ces deux expériences soient immédiatement suivies de l'introduction du liquide dans la bouche; car, sans cela, elles n'auraient qu'une valeur relative.

Par le goût, pour bien apprécier la qualité, il faut d'abord retenir le vin dans l'avant-bouche, où il se fait sentir à la langue; puis le faire passer à l'arrière-bouche, où on le retient par un léger mouvement de gargarisme; et pour achever la dégustation, on ne doit pas rejeter le vin en le crachant, mais bien l'avaler.

Si donc un vin est d'une limpidité parfaite, et d'une franche couleur; si son odeur est agréable, si l'ensemble des saveurs plaît à l'avant-bouche, si à l'arrière-bouche on éprouve la sensation de chaleur et celle de la richesse vineuse sans que l'alcool y soit caractérisé ; et si enfin la dégludition couronne l'ensemble par un bouquet naturel, sans arrière goût, le vin est sensuellement bon. Il est imparfait, s'il pèche par un seul point.

Pour ce qui concerne les effets physiologiques des vins, je me bornerai à transcrire les passages les plus caractéristiques qu'y a consacrés le savant docteur dans son même ouvrage (1).

« Les effets physiologiques du vin présentent moins d'incertitude pour son appréciation.

» Ce sont l'estomac, les muscles, le cœur et la tête qui sont les juges suprêmes du vin.

» Qu'un vin ait flatté vos yeux, votre odorat extérieur, votre avant-bouche et votre arrière-bouche, qu'il ait réjoui votre odorat intérieur et soit descendu dans votre pharynx et dans votre œsophage ; si vous payez ces sensualités fugitives par une digestion de plomb, par une tension épigastrique, par une prostration mus-

(1) Culture de la vigne et vinification, pages 375, 376, 377 et 378.

culaire, par une lourdeur de tête et un malaise général de plusieurs heures, certes vous aurez le droit, chèrement acheté, de déclarer que le vin qui produit de pareils effets n'est pas bon.

» Le bon vin n'est point un vin plus ou moins spiritueux. Tout vin naturel, fort ou faible en esprit, est un bon vin, s'il conserve sa vie organique et s'il la manifeste par une franche odeur, par un concert de tous les éléments dans une saveur harmonieuse au goût, par une digestion facile, une augmentation sensible des forces musculaires et par une activité plus grande du corps et de l'esprit. Que la saveur du vin soit fraîche, piquante et légère ; qu'elle soit douce, onctueuse et riche ; qu'elle soit âpre, chaude et austère, le vin est bon, s'il soutient et augmente les forces corporelles et intellectuelles sans fatiguer les organes digestifs....

» Le bon vin ordinaire, le vin alimentaire, car le vin est un aliment positif et excellent, n'est point un vin fort en esprit. Ce n'est pas même un vin de grande année : c'est un vin de fins cépages, ne dépassant pas 10 pour cent d'esprit, et pouvant même n'en contenir que 6 pour cent. Sur vingt années de production, quinze au moins peuvent produire naturellement les bons vins d'ordinaire : ces vins sont parfaits comme boisson hygiénique dès la seconde année, et peuvent durer quatre ou cinq ans ; ils deviennent mauvais et sont repoussés de la grande consommation, si on les élève artificiellement à la puissance alcoolique des vins d'entre-mets, c'est-à-dire de 10° à 14° d'alcool.

» On trouvera des débouchés infinis pour les vins légers, naturels et vivants, si la lumière se fait à l'égard des véritables qualités sensuelles et hygiéniques des vins, et surtout si les producteurs et les marchands cessent de faire consister la qualité dans la richesse alcoolique. Ils se trompent eux-mêmes en établissant et en propageant cette fausse opinion, car les instincts organiques ne restent pas longtemps dupes ; on se laisse d'abord persuader, on achète ces vins forts une première fois; mais leur pesanteur et leurs tristes effets organiques éveillent bientôt de justes défiances, et l'on cherche ailleurs les qualités que ces mêmes vins auraient eues, s'ils étaient restés à leur degré naturel.

» Le vin qui contient de l'alcool au-delà de ses forces ne l'assimile pas ; il enivre brutalement, à la façon des eaux-de-vie, mais des eaux-de-vie noyées dans une masse de liquide, et par conséquent privées de la puissante stimulation qui les fait digérer par une réaction des organes digestifs proportionnée à leur force. »

Les Caves.

La température de la cave exerce une grande influence sur la qualité du vin ; et par ce motif, on doit attacher une sérieuse importance à la salubrité de ce conservatoire, et surtout à ce que le vin qui y séjourne s'y trouve dans des conditions les plus propres à l'améliorer, en vieillissant.

Le vin étant d'une susceptibilité extrême et subissant les influences les plus diverses, qui parfois sont pour lui des causes de détériorations et lui font même contracter de véritables maladies; on ne doit négliger aucune des précautions recommandées par l'expérience pour placer dans les meilleures conditions le local destiné à conserver cet aliment, et à favoriser le développement de ses précieuses qualités.

Il faut autant que possible que la cave, établie au contre-bas du sol, soit voûtée ou au moins sous plancher assez épais; exposée du côté nord, afin que la température soit moins variable; que la lumière du jour y soit modérée; l'air frais, mais sans trop grande humidité.

Si l'exposition de la cave se trouvait dans une autre direction que celle du nord, il faudrait avoir la précaution d'y garantir les ouvertures par des volets, qu'on entr'ouvre ou qu'on ferme suivant la convenance, afin de pouvoir amortir au besoin le jour trop vif et garantir de la réverbération du soleil, qui, desséchant les fûts, contribue à augmenter la consommation naturelle qui se fait dans le liquide.

Une bonne cave doit aussi être préservée des agitations causées au sol par le brusque passage des voitures sur le pavé de rues trop voisines ; ces agitations tendent à faire remonter les lies, les mêler au vin et causer son altération. Il faut surtout éloigner de la cave tous les aliments et toutes les matières qui sont susceptibles de fermentation, et principalement les égoûts, latrines, fumiers, etc., dont les exhalaisons peuvent nuire au vin en provoquant des fermentations intempestives.

Toutefois, lorsqu'on ne se trouvera pas dans des conditions qui permettent de suivre ces prudentes indications, on fera bien de s'en rapprocher autant que possible, pour ne pas courir le risque de voir se détériorer dans sa cave des vins présentant à leur entrée toutes les apparences de bonne qualité.

A ce sujet, je me permettrai de citer un passage d'un charmant ouvrage (1), dans le-

---

(1) La science du vin. Paris, Michel Lévy, 1861, pages 39 et 40.

quel un élégant écrivain, M. Auguste Luchet, caractérise si pittoresquement l'utilité de la cave :

« Une cave n'est pas simplement un souterrain quelconque, froid ou chaud, infect ou non ; bas-fond à tout serrer, charbon, pommes de terre et fromage. Il faut qu'elle soit un lieu sain et sec, à température toujours la même, entre huit et dix degrés : la chaleur est mauvaise au vin, lui donne le goût de cuit d'abord et l'amertume ensuite. Il faut qu'elle soit absolument obscure : la lumière décolore le vin dans les bouteilles. Il faut n'y faire entrer l'air que le moins possible, le vin tourne à l'aigre sous son contact. J'ai vu en Bourgogne des caves à doubles et triples portes, sans soupiraux ni éclairs, percées çà et là d'une invisible ouverture à la voûte, sorte de tuyau d'appel pour l'aspiration et la sortie des gaz. Dans l'épaisseur énorme de leurs murs cyclopéens, ma main tâtonnante s'arrêtait parfois à des baies mystérieuses, caveaux superlatifs, cachettes aux vins-joyaux, reli-

11

quaires de chefs-d'œuvre et *de filles uniques*. — Ils appellent là-bas filles uniques les bouteilles qui restent les dernières et toutes seules. — On n'ouvre ces trésors qu'aux dates grandes, aux jours de promesses... »

Soins à donner aux vins en barriques.

Le consommateur doit chercher à se procurer de préférence des vins assez mûris par l'âge, suivant leur qualité relative, pour pouvoir être tirés immédiatement en bouteilles, afin d'éviter l'embarras de les soigner dans sa cave ; ce qu'il ne fera jamais aussi bien que le propriétaire qui les aura récoltés, ou le négociant qui a l'habitude de le faire, pour que sa marchandise acquière avec le temps toute la valeur dont elle est susceptible.

On conseille généralement de faire ses provisions de vins dans les mois de mars ou septembre, parce que ce sont les époques les plus favorables pour les soutirages, et qu'il est prudent de ne pas enlever les vins sans les avoir fait soutirer.

La cave doit être tenue proprement et le sol bien uni ; dès leur entrée, on place les barriques sur des chantiers en charpente, et on veille à ce qu'elles ne touchent pas aux murs, afin que les cercles ne soient pas exposés à se détériorer par l'humidité. La surélévation des chantiers est d'ailleurs indispensable pour le tirage en bouteilles.

Le vin enchantelé dans une bonne cave demande à être avouillé soigneusement, et soutiré à des époques déterminées par son état de vieillesse et sa qualité ; à moins que sa valeur ne permette de le placer bonde de côté jusqu'à sa mise en bouteilles. Il est toutefois prudent de visiter de temps à autre les tonneaux dans lesquels on conserve des vins, afin de remédier de suite aux accidents que peuvent causer la piqûre d'un ver, la casse d'un cercle ou un choc quelconque. Si on laisse vieillir le vin dans sa cave, il exigera en outre des soutirages qui, en le débarrassant de ses dépôts, contribueront au perfectionnement de sa qualité.

Lorsqu'on se décide à n'acheter que des vins vieux ou assez faits pour être mis en bouteilles, on évite ces soins de conservation ; et l'on a immédiatement des vins agréables et sains, tels que les a montrés une bonne dégustation ; ils doivent avoir une grande limpidité, être d'un clair fin et brillant, avoir un bouquet agréable et être francs de goûts.

Si on recommande avec insistance de soigner les vins en cave, surtout ceux qui ne sont pas trop solides, c'est afin d'éviter qu'ils ne soient exposés à être détériorés par des maladies, telles que le poût, le tour, l'amer et le moisi, dont on parvient quelquefois à arrêter les progrès, ou même à les guérir, mais sans pouvoir remédier à la détérioration subie par leur qualité, autrement que par des additions ou des coupages ; et dans cette condition, on ne peut plus les considérer comme des vins hygiéniques.

Les deux seules maladies qui ne paraissent pas affecter pour toujours la bonne nature du vin, sont la graisse et le goût de fût. La graisse qui est plus spéciale aux vins blancs, cède presque toujours à un simple battage. Quant au goût de fût, il s'enlève parfaitement au moyen d'un demi-kilogramme de bonne huile fine d'olive. On commence par changer le vin de tonneau; on y verse l'huile, après quoi on agite le tout chaque jour pendant une huitaine, et on soutire dans une nouvelle barrique ; presque toujours cette simple opération produit un résultat complet, sans que le liquide ait éprouvé la moindre altération.

L'huile d'olive a encore un autre mérite pour la conservation du vin en perce. — Il suffit de mettre dans la barrique une bouteille d'huile d'olive fine. Répandue en couche légère sur la surface du vin, l'huile empêche l'évaporation des parties alcooliques, ainsi que la combinaison de l'air atmosphérique qui rend les vins acides, et en altère les parties constituantes. Du vin resté en perce pendant une année, s'est parfaitement conservé par ce procédé.

Le docteur Jules Guyot, en cela d'accord

avec le comte Odart, dit : qu'il a vu par lui-même que les vins *purs* bien faits, provenant de bons raisins bien mûrs, mis en bonnes futailles et en bonnes caves, ne sont jamais malades que de caducité, maladie qu'on ne guérit pas. Qu'il a vu que les vins médiocres ou mauvais, ou même les bons vins placés dans des conditions qui ont déterminé leur fermentation muqueuse, acétique ou putride, étaient privés des éléments qui les nourrissent, c'est-à-dire de sucre et d'esprit, et qu'ils ne revenaient jamais à l'état de vins loyaux et marchands ; leur traitement et leur guérison ne sont donc qu'une affaire d'économie domestique, car l'hygiène publique, autant que la conscience et la probité doivent proscrire la vente des vins viciés et vicieux comme des animaux malsains (1).

---

(1) Culture de la vigne et vinification. 2e édition, Paris, Librairie agricole, 1864, page 369.

Mise en bouteilles et conservation des vins.

Pour traiter, comme il le mérite, cet important sujet, je ne crois pouvoir mieux faire que d'emprunter au savant chimiste œnologue M. Ladrey (1) des extraits du chapitre qu'il y a consacré dans son intéressant traité :

« Tous les vins, quelle que soit leur qualité, sont préparés en vue des besoins du consommateur, et ils arrivent dans la cave de ce dernier dans des conditions bien diverses que nous n'avons pas à examiner. Nous devons naturellement supposer qu'à ce moment ils sont achevés, destinés à être bus immédiatement, et dès lors nous ne pouvons faire que deux hypothèses :

» Ou le vin doit être simplement tiré du tonneau pour l'usage journalier, ou bien il est préalablement mis en bouteilles. Pour ce dernier cas, nous avons à faire connaître les soins

(1) L'art de faire le vin. 2e édition, Paris, Savy, 1865, pages 258 et suivantes.

qu'exige cette mise en bouteilles et la conservation du vin à partir de ce moment.

» Examinons maintenant les diverses précautions qu'il faut prendre pour la mise en bouteilles.

» Les premières sont relatives au vin lui-même ; il faut bien s'assurer qu'il est d'une limpidité parfaite, car si cette condition n'est pas toujours la preuve d'une bonne qualité, on peut dire que son absence est toujours le signe d'une altération pour des vins arrivés à l'époque où ils doivent être mis en bouteilles...

» Quand un vin est déjà dépouillé, qu'il ne s'y manifeste plus, à l'époque des changements de saisons, de mouvements profonds, qu'il ne s'y forme plus un dépôt contenant des principes actifs de fermentation, il est bon de le mettre en bouteilles...

» Outre ces observations relatives à l'état du vin, nous devons dire un mot de la préparation des bouteilles. Ici le conseil est très-simple et facile à appliquer. Les bouteilles doivent être d'une propreté parfaite, et il faut qu'on les laisse égoutter assez longtemps après le dernier nettoyage, pour qu'elles soient complétement sèches...

» Après les soins donnés à la bouteille, vient le choix des bouchons. Malgré les tentatives faites en diverses circonstances pour remplacer les bouchons de liége, on peut dire qu'ils sont employés partout et à l'exclusion de toute autre substance pour la fermeture des bouteilles. Les qualités des bouchons ont moins d'importance pour les vins de table que pour les vins mousseux. Cependant ils doivent être choisis avec soin et exempts de défauts. Il fant surtout éliminer tous ceux qui sont altérés et paraîtraient susceptibles de communiquer au vin un mauvais goût.

» Lorsqu'on voudra mettre du vin en bouteilles, l'opération devra être conduite rapidement, et, par conséquent, tout sera préparé d'avance. Les bouteilles seront rincées et bien égouttées; les bouchons lavés soit avec du vin, soit avec de la bonne eau-de-vie, seront en assez grand nombre pour que le bouchage puisse s'opérer sans retard, et à mesure que le tirage avancera....

» Les bouteilles remplies et bouchées sont quelquefois conservées dans cet état; le plus souvent, elles subissent une autre préparation. Le liége est recouvert soit au moyen d'une couche de cire, soit avec une capsule métallique. Cette précaution est indispensable pour garantir le bouchon contre les moisissures ou contre les attaques des rats ou des insectes.

» Après toutes ces manipulations, les bouteilles, rangées avec soin dans la cave, sont abandonnées à elles-mêmes. Il faut conseiller, pour les vins fins, de les laisser au moins pendant un an; ce n'est guère avant cette époque que le vin présentera les propriétés qu'il est encore susceptible d'acquérir.

» Pendant cet intervalle, comme aussi lorsque le vin est arrivé à sa perfection, il demande encore quelques soins dont on appréciera facilement l'importance.

» La rapidité avec laquelle vont s'accomplir les actions chimiques qui remplacent la fermentation complétement terminée, exerce une grande influence sur le développement des qualités du vin. Aussi faut-il tenir grand compte des conditions dans lesquelles les bouteilles sont placées.

» La température du milieu est la cause la plus active de ces différences que les modifications du vin peuvent éprouver dans leur marche. La lumière exerce aussi un action qui, pour se produire au travers de la substance d'un verre épais et coloré, n'en est pas moins très-sensible et très-efficace.

» Supposez des bouteilles préparées et remplies le même jour ; placez les unes à une température inférieure à 10°, les autres à 12°, d'autres à 14°, et vous constaterez que le vin se fera d'autant plus rapidement qu'il aura été conservé à une température plus élevée.

» Faites agir directement et d'une manière constante la lumière extérieure, et vous aurez un résultat analogue. La marche de l'action sera bien plus rapide dans la lumière que dans l'obscurité...

» Lorsqu'on met le vin en bouteilles, le principal changement que subit ce liquide, c'est qu'il passe d'un vase perméable à l'air dans un vase imperméable. L'évaporation qu'il éprouvait d'une manière continue cesse complétement, et avec elle l'action de l'air extérieur qui en était la conséquence. L'aération que le vin subit au moment de la mise en bouteilles est donc la dernière action de ce genre à laquelle le vin est soumis, ou du moins ce devrait être la dernière. Il est, du reste, facile de constater les conséquences de cette aération, car on observe toujours que la mise en bouteilles des vins les mieux faits et les mieux soignés est suivie d'un travail qui dure plusieurs mois, et que l'on a quelquefois appelé *la maladie de la bouteille*. Quand ce travail est achevé, le vin est considéré comme complétement fait, et dès lors il peut être livré à la consommation.

» Cependant il acquiert encore de la qualité en vieillissant, et, d'après ce que nous venons de dire, ce fait doit être la conséquence des réactions lentes qui se produisent entre les éléments du vin, et qui ne sont plus contrariées par l'action continue de l'oxygène extérieur.

Il y aura toujours avantage, même pour les vins les plus ordinaires, à les mettre en bouteilles plutôt qu'à les tirer directement du tonneau pour les consommer. Le peu de frais qui en résultera, sera largement compensé par la franchise du goût que cette précaution procurera à ce vin jusqu'à son entière consommation. Si ce vin ne doit pas être consommé de suite, il sera prudent de le coller aux blancs d'œufs, ce qui lui donnera une limpidité qui en augmente le mérite. Il est d'ailleurs bien reconnu que les vins rouges qui à la vue paraissent très-clairs, ne tardent pas à tacher les bouteilles, lorsqu'ils n'ont pas été collés; et que ce dépôt ne faisant qu'augmenter en vieillissant, fait subir une certaine altération aux vins dans les bouteilles.

L'un de nos plus savants praticiens, M. de Vergnette-Lamotte, observe (1) : que les vins

(1) Le vin, par A. de Vergnette-Lamotte, corres-

mis jeunes en bouteilles et n'ayant pas terminé leur fermentation alcoolique, éprouvent un léger mouvement dans la bouteille; qu'il se produit alors quelques bulles d'acide carbonique qui se dissolvent dans le vin; que ce vin laisse au palais une très-légère saveur piquante, qui n'est pas désagréable; que dans cet état les vins ont un bouquet très-remarquable et conservent un goût de fruit prononcé.

Le même auteur ajoute : Lorsqu'on attend quatre années avant de mettre en bouteilles les grands vins, méthode qu'on suit au Clos de Vougeot; les vins qui ont été ainsi élevés dans les fûts, sont, il est vrai, bien plus dépouillés, et moins sujets à devenir malades. Mais aussi ils sont plus secs, moins fins, moins sireux surtout, et leur bouquet est toujours moins développé que chez les vins traités par l'autre méthode.

---

pondant de l'Institut. Paris, Librairie agricole, 1868, pages 203 et 204.

L'effet signalé sur les vins du Clos Vougeot par l'éminent viticulteur, ne produit pas un même résultat sur les bons vins conservés en tonneau dans la majeure partie de nos vignobles, où on reconnaît que les vins se mûrissent plus promptement, acquièrent plus de qualités et se trouvent dans des conditions meilleures de durée, lorsqu'ils ont eu le temps d'abandonner la majeure partie de leurs dépôts avant la mise en bouteilles.

Chauffage domestique des vins.

L'utilité du chauffage industriel des vins a donné lieu à une polémique très-animée, et qui n'a pas dit son dernier mot. Aussi je ne chercherai point à traiter cette question si complexe, je me contenterai d'emprunter quelques extraits qui ne sont pas sans opportunité, au savant auquel on dispute à tort l'initiative contemporaine de ce procédé (1) :

---

(1) Le vin, par A. de Vergnette-Lamotte. Paris, 1868, pages 277, 278, etc.

« Il existe à Lyon, chez un de nos amis (le plus intime), une salle à manger où l'on trouve une armoire placée dans les conditions que voici : Elle est adossée à une cheminée qui est toujours en feu, et la température y reste très-élevée, surtout l'été. Au commencement de 1864, une bouteille de vin de Bourgogne fut oubliée dans cette armoire au moment où notre ami quittait la ville. Plus tard, lorsque ce vin, que l'on croyait perdu, fut dégusté, en comparaison du même vin resté dans la cave, on trouva entre eux des différences très-remarquables. Le vin de l'armoire était vieux et fondu; il était surtout d'une franchise irréprochable. Il n'en était pas de même du vin de la cave. Celui-là était déjà amer et en pleine voie de décomposition. On sait qu'à Lyon, comme dans les grandes villes, en général, les caves sont peu favorables à la conservation des vins.

» Il devint évident pour nous que la température élevée de l'armoire avait été la cause du fait considérable que nous venions d'observer. A la même époque, on reconnut que des vins de 1858, qui avaient été abandonnés dans un grenier, s'y étaient conservés bons, malgré la chaleur qu'ils avaient eu à y supporter pendant l'été. On se garda bien, plus tard, d'oublier les précieuses propriétés de l'armoire; et tous les ans, pendant l'été, elle reçut un certain nombre de bouteilles de vin. La réussite a toujours été complète, et enfin les meilleurs vins que nous puissions offrir aujourd'hui à nos amis sont connus des œnologues qui nous font l'honneur de venir nous visiter, sous le nom de *vins de l'armoire retour de Lyon.*

» En étudiant, le thermomètre à la main, les faits que nous venons de signaler, nous avons reconnu que dans l'armoire chaude comme dans le grenier, la chaleur maxima avait dépassé 40 degrés centigrades.

» Tous les vins peuvent-ils être également soumis à ce régime ? Nous ne le pensons pas. Ce procédé qui consiste, comme nous venons de le voir, à les exposer, pendant un temps plus ou moins long, à une température qui peut varier de 20 à 40 degrés, nous a surtout réussi avec des vins ayant au moins deux années d'âge et une richesse alcoolique de 12.50 pour 100....

» Les vins qui ont été chauffés par cette méthode, sont ceux dont les caractères se rapprochent le plus des vins élevés sans aucun travail spécial.

» Lorsque nous avons rendu publiques ces expériences sur l'action bienfaisante que la chaleur pouvait avoir sur les vins, nous avons dit ceci aux habitants des grandes villes, qui se plaignaient de leurs caves : *Vos caves sont mauvaises, mais vos greniers sont bons pour les vins.* En employant cette formule en apparence paradoxale, et qui frappa d'autant plus qu'elle était plus opposée aux idées admises pour l'élevage des vins, dits de table, nous avons eu surtout pour but d'appeler plus vivement l'attention sur nos procédés. »

Manière de servir le vin.

J'aurai encore recours, pour traiter ce sujet, au savant ouvrage de M. C. Ladrey (1), qui s'y exprime ainsi :

« Lorsque le moment arrive de boire un bon vin conservé en bouteilles depuis plusieurs années, il faut examiner la bouteille avec soin au moment où on l'enlève. Cette opération doit se faire avec précaution et en laissant à la bouteille la position horizontale. En approchant la bouteille du jour ou d'une lumière, il sera facile de constater, sans la changer de position, si le vin est bien limpide ou s'il y a un dépôt. Il peut arriver que le vin soit très-clair et qu'il ne présente aucune trace de dépôt ; dans ce cas, la bouteille peut être redressée et le vin servi sans décantation préalable.

» Mais cette circonstance est très-rare, surtout pour les vins vieux, et le plus ordinairement il y a un dépôt ; il faut alors bien se garder de le mélanger à la partie limpide

---

(1) L'art de faire le vin. 2e édition, Paris, Savy, 1865, pages 270, 271 et 272.

du vin, et on doit, avant de redresser la bouteille, procéder à la décantation, qui est une opération tout à fait semblable au soutirage quant à son résultat. Cette décantation doit être faite dans la cave même, et elle demande quelques précautions. La bouteille sera maintenue le goulot un peu élevé, mais sans être redressée, et on aura soin de ne pas lui imprimer de mouvement trop brusque, soit en la déplaçant, soit en la débouchant.

» Le vin sera ensuite versé dans une autre bouteille bien propre, préparée d'avance, et on s'arrêtera avant qu'il ne passe aucune portion de dépôt. Si on opère avec soin, la quantité de vin perdue par cette opération sera très-faible, et la partie conservée pourra être servie sans crainte jusqu'à la dernière goutte. Si, au contraire, un vin ne présentant même qu'un léger dépôt est transporté et servi sans précaution, dès le second ou le troisième verre, il sera trouble et aura perdu tout son agrément. Il existe des appareils très-simples, fonctionnant à la manière des siphons, et qui permettent d'opérer facilement la décantation ; nous en recommandons l'usage, car l'habitude de cette opération nous paraît préférable à l'emploi des paniers...

» Beaucoup de personnes pensent qu'il est utile de chauffer les bons vins avant de les servir, et pour cela on conseille de placer les bouteilles pendant quelques heures près du feu. Nous croyons ce soin inutile et même dangereux, car il est difficile de mesurer le degré d'échauffement que l'on donne au vin par ce moyen. Cependant il ne conviendrait pas de servir les vins rouges immédiatement après leur sortie d'une cave fraîche ; il est bon de les apporter quelques heures d'avance dans la pièce même où ils seront servis. Le vin peut ainsi se mettre en équilibre de température avec cette pièce, et cette condition nous a paru être la plus convenable dans le plus grand nombre de cas.

» Quant aux vins blancs, il est, au contraire, préférable de les servir très-froids, et par conséquent on n'aura pas besoin de prendre pour eux la précaution que nous venons d'indiquer... »

En résumé, l'appréciation et la conservation des vins avec leurs qualités alimentaires et hygiéniques, dépendent de circonstances multiples qu'il est important de ne pas négliger.

La dégustation est le moyen le plus simple et le plus naturel, par lequel on peut apprécier la valeur d'un vin aux divers points de vue auxquels on doit l'envisager. Les principes sur lesquels elle repose et la mise en action de cette intéressante opération doivent donc être étudiés avec grand soin. On arrive par l'analyse à des résultats plus positifs au point de vue scientifique, mais peu de personnes sont aptes à utiliser cette méthode délicate ; tandis que la dégustation, à la portée de tous, donne immédiatement un résultat pratique d'appréciation suffisant à nos besoins.

Assuré du mérite d'un vin, l'important est de lui conserver ses précieuses qualités et même de les perfectionner par l'âge ; pour cela, la condition essentielle est de placer ce vin jusqu'à la consommation dans une cave à température égale, et à l'abri de toutes les influences qui pourraient lui être nuisibles. Le milieu dans lequel vit le vin, est d'une importance extrême ; car il arrive quelquefois, sans qu'on en soupçonne la cause, que des vins loyalement livrés, se détériorent chez le consommateur, par suite du manque de précautions indispensables. De là, cette nécessité d'une bonne cave, établie dans les prévisions les plus convenables à la maturité des vins.

Les soins à donner aux vins en barriques, pour les élever pendant leur jeunesse et les entretenir dans leur maturité, sont indispensables, et peuvent seuls les conduire à une bonne mise en bouteilles.

Toutes les précautions propres à faciliter cette mise en bouteilles et à en assurer la bonne réussite, doivent être prises avec un soin infini. L'attention est sollicitée à cet égard sur un fait qui n'est pas assez remarqué, quoique connu depuis longtemps à Bordeaux, pour qu'on en tienne compte ; c'est *la maladie de la bouteille.*

Par suite du tirage à la cannelle et de la mise en bouteilles, les vins éprouvent un trouble ou travail considérable, qui dure pendant un, quelquefois plusieu s mois ; de sorte que durant cette période, ils sont loin d'être aussi bons et aussi agréables que lorsqu'ils ont été mis en verre. Après ce trouble momentané, ils reprennent leur vie et s'améliorent jusqu'à ce qu'ils soient parvenus à leur apogée. Il y a des vins de Bordeaux qui, suivant des années de provenances défavorables, ont été jusqu'à deux et trois ans après leur mise en bouteilles, avant d'avoir acquis toutes leurs qualités distinctives. Dans ce cas, il faut les attendre si on peut, et ils pourront être ensuite gardés douze ou quinze ans, et devenir de plus en plus remarquables.

Les expériences sur le chauffage des vins dans des conditions à la portée de tout le monde, donnent une idée de cette opération, qui ne mérite peut-être pas l'ardente polémique à laquelle elle a donné lieu; et, dans certains cas, cette pratique peut avoir son degré d'utilité.

Quelques indications sur la manière de servir les vins paraissent devoir être le couronnement de ce qui avait trait à leur conservation.

A ce propos, il n'est pas inutile de remarquer que les vins qui acquièrent le plus de bouquet à la bouteille, sont ceux qui n'ont pas trop vieilli dans le bois, et n'y ont pas été usés par les soutirages. Cependant, si dans ces conditions ils gagnent moins en qualité, d'un autre côté, ils font aussi beaucoup moins de dépôt dans les bouteilles.

Ainsi, pour que les bons vins arrivent à leur perfection, il faut les mettre en verre au bout de deux, trois ou quatre ans, suivant qualité. Le dépôt sera alors plus longtemps à se former; mais lorsqu'il en existera, il ne faudra jamais hésiter à décanter ces vins avant de les servir. Lorsque cette opération aura été soigneusement faite, et peu d'instants à l'avance, les bons vins, loin d'y perdre, y gagneront beaucoup ; surtout les Bordeaux, naturellement froids, et qui ont besoin de la chaleur et du contact de l'air pour que leur arome se volatilise.

On comprendra qu'il ne suffit pas que le vin puisse être considéré comme alimentaire et hygiénique, mais qu'il faut encore qu'il arrive au moment de sa consommation avec tous les avantages qu'il comporte ; qu'il flatte le palais et soit aussi agréable à boire qu'il est un puissant tonique pour nos organes.

QUATRIÈME PARTIE

ALTÉRATIONS

ET

FALSIFICATIONS DES VINS

ALTÉRATIONS

ET

FALSIFICATIONS DES VINS

J'ai dit (1), à propos de la distinction à établir dans le mode de provenance des diverses qualités de vins rouges, combien il était regrettable qu'on ne connût encore aucun moyen pratique de les distinguer les uns des autres. Il en est de même à l'égard des altérations que les vins peuvent éprouver, et des falsifications auxquelles ils sont exposés ; cependant les graves modifications qu'ils subissent dans ces deux cas sont susceptibles d'exercer une grande influence sur leur valeur hygiénique.

(1) Page 65.

12.

Alors pour se rendre un compte exact du mérite d'un vin, il n'y a pas d'autre moyen que d'avoir recours à l'analyse chimique, quoique les manipulations qu'exige cette opération ne soient encore à la portée que des praticiens familiarisés avec les multiples travaux du laboratoire. *La chimie appliquée à la viticulture et à l'œnologie,* par M. Ladrey, le savant professeur de la Faculté de Dijon, et *Le vin,* par le consciencieux praticien, M. A. de Vergnette-Lamotte, aussi de la Côte-d'Or, seront d'excellents initiateurs et des guides certains pour ceux qui ne seront pas arrêtés par la difficulté d'entreprendre des expériences d'une si haute portée.

Le difficile problème qu'on s'est ainsi proposé de résoudre par l'analyse, est le plus souvent complexe, et, dans ce cas, il faut parfois se livrer à un examen approfondi, que peut seule faciliter la connaissance des principes élémentaires du vin. Aussi, c'est jusque dans les résidus et même les cendres provenant de l'évaporation du vin, qu'il faut aller chercher les résultats les plus précis.

L'analyse des vins a une telle importance au point de vue de l'hygiène publique, qu'on ne saurait y apporter des soins trop attentifs, lorsqu'on se décide à y recourir. Car si les substances qui peuvent y avoir été introduites ne sont pas toutes délétères, elles n'en modifient pas moins d'une façon plus ou moins grave les qualités essentielles du vin, en lui enlevant toujours une partie de son action bienfaisante.

Etude du vin nouveau.

Pour bien faire comprendre les altérations et les modifications que le vin est exposé à subir, je consignerai ici l'*étude sur le vin nouveau*, due à M. de Vergnette-Lamotte (1).

« Il est souvent très-difficile, lorsque les vins sont tirés de la cuve et logés dans leurs fûts, de les juger, et surtout, quand il s'agit des vins fins, de se prononcer sur leur avenir.

---

(1) Le vin, pages 123 et suivantes.

» Les essais qu'on peut faire dans un laboratoire sont dans ce cas d'un grand secours au viticulteur. Voici quelques-uns de ces essais que nous recommanderons. On remplit de vin de petites bouteilles, en verre blanc, ou de petits tubes longs et étroits. Quelques-unes de ces bouteilles sont bouchées, d'autres ne le sont pas. C'est ce que nous appelons la mise à l'essai.

» Les vins s'éclaircissent, le tartre se dépose sur les parois des tubes que nous avons eu soin d'incliner. Si nous emplissons de vin une éprouvette graduée, on voit jusqu'à quelle hauteur s'élève la couche de lie qui s'y dépose.

» Dans les bouteilles bouchées, les vins qui sont bons deviennent très-limpides et sont riches en couleurs ; dans celles qui ne le sont pas, il ne se forme point de fleurs à la surface du liquide, et si on les laisse en vidange, le vin passe au vinaigre. Dans cette épreuve, les vins faibles se couvrent de fleurs, deviennent fades, se troublent, se décolorent et se décomposent.

» Avec nos liqueurs titrées, nous recherchons quelle est la quantité d'acide libre que contient le vin ; nous prenons sa densité.

» Nous évaporons dans une capsule d'argent ou de porcelaine un poids de vin, et nous cherchons quel est le poids d'extrait que nous donne cet essai.

» Enfin, et c'est le plus important des essais, nous recherchons ce que notre vin contient d'alcool. Avant de donner dans des tableaux et pour certain nombre d'années, les chiffres qui résultent de ces expériences, nous énumérerons en quelques mots les conclusions qu'on peut tirer de ces analyses.

» Les grands vins ont, au moment du tirage, une densité qui est à peu près celle de l'eau.

» Ils contiennent peu d'acides libres ; et leur acidité tient surtout à la présence du tartrate acide de potasse. Si le tartre entre pour une forte proportion dans la composition du vin, c'est une bonne condition pour qu'il se conserve bien.

» L'extrait qu'il donne à l'évaporation varie

de 3 à 4 pour 100, dans les grands vins, lorsqu'ils sont nouveaux.

» Nous traiterons dans un chapitre séparé de l'alcoométrie ; dès maintenant, disons que dans les vins qui, pour la Bourgogne, doivent plus tard donner les vins de bouteille, la richesse alcoolique ne doit pas être au-dessous de 11 pour 100 ; quelquefois, comme en 1865, elle est de 14 et s'élève à 15 pour 100, pour les grands vins blancs, fait unique que nous avons constaté en 1846, dans les montrachets de cette année.

» Si on applique ces essais aux vins communs qui proviennent de la culture des gamets, les indications sont très-variables.

» Dans les années chaudes et favorables à la culture de la vigne, le gamet et en général les plants communs qui mûrissent de huit à quinze jours plus tard que les plants fins, se trouvent dans des conditions de maturation quelquefois si favorables, que leurs moûts ont presque la richesse des moûts des plants fins ; ceci arrive quand la saison est peu avancée et qu'on peut assez retarder la vendange pour que le gamet atteigne une maturité complète et puisse même présenter un commencement de dessiccation. Dans cet état, le moût des gamets a une densité de 10.90. Son vin très-coloré, très-sapide, a une richesse alcoolique qui peut s'élever à 11 pour 100. Seulement, ce qui le distinguera toujours du vin de pineau, c'est qu'il contient plus d'acides libres et qu'il a une dureté qui ne l'abandonne jamais.

» Si on met à l'essai des vins de plants communs récoltés dans ces conditions, et présentant ces qualités, ils se conduisent à cet essai comme les vins de plants fins. Seulement ils donnent moins de lie, souvent moins de tartre, et si on les soumet à une analyse complète, on trouve en effet qu'ils contiennent plus d'acides malique et acétique que les vins fins, ce qui explique pourquoi leur acidité dure presque toujours, tandis que celle des plants fins diminue avec l'âge et le dépôt du tartre.

» Ainsi nous recommandons la mise à l'essai des vins nouveaux.

» Si les vins ont de la qualité, ils deviennent limpides, se séparent facilement de leur lie et laissent déposer de nombreux cristaux de tartre. Laissés en vidange, ils ne se couvrent point de fleurs, et éprouvent la fermentation acétique. Les vins faibles et plats fleurissent dans ce cas, se troublent, deviennent fades et se décomposent sans que l'acide acétique soit le produit principal de cette décomposition.

» Les vins ont à peu près la densité de l'eau. Leur richesse alcoolique est au moins dè 11 pour 100, rarement de 14 pour 100. S'il s'agit des vins de bouteilles, et dans ce cas, la teneur en acides libres varie de 0,45 à 60.

» Ce qui distinguera toujours, même dans les conditions les plus favorables, les vins des cépages communs des vins fins, c'est leur plus grande acidité et leur dureté. Et si souvent, lorsque les plants communs atteignen une maturité complète, on voit leurs vins riches à 11 pour 100, et quelquefois 12 pour 100 d'alcool, ils n'en restent toujours pas moins acides et durs.

» L'essai acidémétrique est donc pour nous de la plus haute importance dans l'étude des vins. »

Analyse et composition du vin.

Comme corollaire de cette remarquable étude, j'emprunterai à M. Ladrey (1) quelques indications qui me paraissent propres à jeter aussi une certaine lumière sur la composition du vin et en faciliter l'analyse.

« La proportion des éléments si divers doit nécessairement être très-variable dans les différents vins; elle doit également varier d'une manière très-notable, pour un même vin, lorsqu'on l'examine à des époques inégalement éloignées du moment de sa fabrication. Il ne nous est donc guère possible d'assigner

(1) Chimie appliquée à la viticulture et à l'œnologie, pages 520 et suivantes.

une composition moyenne, qui puisse être considérée comme représentant celle d'un vin normal. Nous avons seulement à rechercher quels sont les moyens que l'on peut employer pour arriver à doser dans un vin donné les principales substances qu'il renferme, et nous aurons à voir ensuite entre quelles limites varient les proportions de ces substances dans les variétés de vins les plus importantes et les plus connues.

» D'après ce que nous venons de rappeler, et en nous reportant sur ce que nous avons vu précédemment, les matières que nous pouvons trouver dans les vins peuvent être divisés en cinq groupes :

» 1o Principes volatils, eau, alcool, acide acétique, matières odorantes de nature diverse.

» 2o Des matières organiques non azotées, sucre, tannin, matières colorantes, acides libres, etc.

» 3o Des matières organiques azotées.

» 4o Des sels à acides organiques.

» 5° Des sels minéraux.

» Il nous faudrait, pour rendre cette énumération complète, un élément gazeux, l'acide carbonique, que l'on retrouve dissous dans tous les liquides dont la préparation a pour base la fermentation alcoolique.

» Parmi ces différents corps, les uns peuvent être dosés très-facilement ; pour d'autres, la détermination exacte n'est guère possible. Nous indiquerons alors les méthodes approchées, qui peuvent être employées pour arriver à ce résultat. Nous passerons en revue ces différentes opérations que peut nécessiter une analyse complète, dans l'ordre où elles devront être effectuées, et en examinant, pour chacune des substances à doser, les procédés les plus simples qui peuvent conduire à ce résultat.

» La première chose à faire lorsqu'on veut examiner un vin, c'est de déterminer sa densité. Il suffit, pour cela, de peser un flacon vide, puis plein d'eau et ensuite plein de vin ; on a, par ce moyen, le poids d'un certain volume de vin et le poids d'un égal volume d'eau : en divisant le premier par le second, on a la densité du vin...

» La densité des liquides variant avec la température, il faudra tenir compte dans cette expérience de la température à laquelle on opère.

. . . .

. . . .

» Pour déterminer la richesse alcoolique du vin, il faut en prendre un volume connu, le distiller dans un alambic jusqu'à ce qu'on ait recueilli le tiers ou la moitié du liquide employé; puis ajouter de l'eau au produit de la distillation, de manière à reproduire le volume primitif, enfin mesurer avec l'alcoomètre la densité de ce mélange, en ayant soin d'observer la température, ou de le ramener, si on veut éviter la correction, à la température de 15°.

» La détermination de l'eau contenue dans le vin, se fait par une opération simple, mais dont l'exécution n'est pas sans difficultés. Il suffit de prendre un poids connu de liquide, de l'évaporer lentement, de manière à l'amener à consistance d'extrait, et de peser le résidu. La différence donnera l'eau et l'alcool; comme on connaît la quantité de ce dernier, on en conclura la proportion d'eau ; on aura en même temps la quantité d'extrait, que l'on désigne quelquefois sous le nom de résidu sec, malgré son aspect.....

» Lorsqu'on aura préparé et pesé le résidu laissé par le vin après son évaporation, il faudra procéder à l'analyse élémentaire de ce résidu pour déterminer la quantité d'azote qu'il contient. Cette évaporation est le seul moyen qui puisse permettre d'évaluer assez exactement la matière azotée.

» Celle-ci étant une substance albuminoïde, le nombre trouvé par ce dernier élément donnera exactement la quantité de matière azotée contenue dans le vin. L'analyse complète du résidu, c'est-à-dire le dosage du charbon et de l'hydrogène, pourrait peut-être conduire à des résultats intéressants au point de vue de la comparaison des différents vins ou d'un même vin à différentes époques ; des recherches dans ce sens n'ont pas encore été tentées.

» Les opérations que nous venons d'indiquer permettent de séparer du vin les parties volatiles, de doser l'eau et l'alcool, de déterminer le poids des matières solides par l'analyse de ce résidu, de connaître la quantité de matières azotées. Nous devons y ajouter comme étude générale la détermination des éléments minéraux ; il suffira, pour avoir leur proportion, d'incinérer une certaine quantité de l'extrait, et de peser le poids des cendres ; leur analyse donnera leur composition exacte.

» Pour compléter l'analyse du vin, il reste à doser quelques-uns des principes immédiats qu'il renferme : le sucre, les acides libres, le tartre peuvent être évalués très-exactement.

» Lorsqu'on veut déterminer la quantité de sucre contenue dans un vin, il suffit de séparer préalablement le tannin, l'acide tartrique, au moyen d'une dissolution d'acicate de plomb, et de doser le sucre dans la liqueur filtrée, soit au moyen de la lumière polarisée, soit en mettant à profit l'action du sucre sur les dissolutions de cuivre.

» Quant aux acides libres, on peut les doser en employant des liqueurs normales alcalines qui permettent de calculer très-exactement leur quantité.

» Celui qui domine, c'est l'acide tartrique, et on arrive à un résultat assez approché en calculant la quantité d'acide comme si tout était formé par l'acide tartrique. On peut évaluer à part la proportion d'acide acétique, en séparant ce dernier par la distillation et en le dosant dans le liquide obtenu...

» Nous n'avons pas parlé du tannin et de la matière colorante; on peut les apprécier d'une manière approchée, mais les résultats obtenus ne présentent pas le même caractère d'exactitude que ceux auxquels on arrive pour les autres éléments...

» En résumant ce que nous venons de dire sur la composition du vin, nous voyons que, si nous envisageons la question d'une manière générale, nous trouvons dans tous les vins les mêmes éléments, seulement leur proportion pourra être très-différente. Dans tous les vins, on rencontre de l'eau, de l'alcool, du sucre, des acides, des sels ; il faut y ajouter les matières colorantes dans les vins colorés, le tannin dans les vins qui ont fermenté avec la grappe. Quant à ces principes odorants et volatiles qui ne se trouvent qu'en proportions très-faibles, il y en a également dans tous les vins ; l'action des acides sur l'alcool leur donne naissance. D'un autre côté, certains cépages privilégiés renferment des matières odorantes, aromatiques qui leur donnent une saveur spéciale et servent quelquefois à les caractériser. Ces matières se retrouvent dans les vins que ces cépages peuvent produire ; mais tantôt elles y restent sans altération, soit qu'il ne s'y rencontre aucune substance qui puisse exercer d'action sur elles, soit que l'état du liquide ne permette pas ces créations ; dans d'autres cas, au contraire, ces matières sont modifiées, elles donnent naissance à des produits nouveaux, dont la présence développe dans les vins des propriétés particulières, que les substances contenues dans le moût n'auraient pu faire pressentir.

Examen du dépôt des vins.

C'est encore à l'excellent livre de M. de Vergnette-Larrotte (1) que j'ai recours pour cet objet. Voici comment l'habile viticulteur l'apprécie :

« Les caractères qu'affectent les lies et les dépôts que les soutirages enlèvent aux vins, donnent souvent des indications très-précises sur leurs qualités et sur les maladies que l'on peut craindre pour eux.

» Les lies doivent avoir la couleur vive connue sous le nom de lie de vin. Elles ne doivent pas être grises, pas filer ; on aime qu'elles soient compactes, et bien réunies au fond du tonneau. Une lie épaisse, d'une bonne couleur, appartient, on peut le dire toujours,

(1) Le vin, pages 235 et 236.

à un vin bien constitué et peu disposé aux maladies.

» Les dépôts que ce vin donnera aux soutirages qui suivront, seront noirs, épais et peu abondants. Si on les goûte (et cet essai est d'une extrême importance, parce que, lorsqu'un vin doit devenir malade, son dépôt l'est toujours avant lui), on ne doit lui trouver ni amertume, ni goût étranger au goût du vin dont on vient de le séparer.

» Que maintenant nous ayons au soutirage des lies ayant bonne couleur, mais légères, il est probable que les vins n'ont pas achevé leur fermentation, et qu'ils seront en mouvement dans les fûts pendant une partie de l'année. Si, avec cela, la lie est d'un violet tirant sur le gris ou le jaune, oh ! alors, on a des vins disposés à la fermentation et à une mauvaise fermentation. Nous en dirons autant des dépôts de ces vins ; nous aimons les dépôts lourds et chargés de tartre. »

Falsifications des vins.

Voici comment s'exprime M. A. Bouchardat (1), à propos des falsifications des vins :

« Les falsifications du vin sont beaucoup moins nombreuses ou beaucoup plus simples qu'on ne le croit généralement : on ne fabrique que très-exceptionnellement ces vins de toutes pièces, que nous signalait il y a quelques jours un journal de médecine. Le plus souvent on se borne à mêler des vins faibles avec des vins du Midi, auxquels on a ajouté de l'alcool, et le marchand peu consciencieux ne se prive pas d'y mettre de l'eau qui ne paie pas de droit. On peut arriver, sinon directement, au moins par une voie détournée, à découvrir cette fraude ; voici les moyens que j'ai mis en usage pour atteindre ce but.

(1) Annuaire de thérapeutique, de matière médicale, de pharmacie et de toxicologie pour 1862, par A. Bouchardat. — Conférences sur l'usage et l'abus des boissons fermentées, pages 243, 244 et 245.

» Il faut avant tout connaître le crû et l'année du vin que l'on examine. Chaque marchand est tenu de fournir ces renseignements commerciaux qu'il ne doit pas ignorer. On sait que les vins donnent une quantité d'extrait qui est à très-peu de chose près la même pour les vins bien faits du même crû et de la même année. Supposons, par exemple, qu'il s'agisse d'un vin vieux de Bourgogne, il doit donner 22 grammes environ de matières fixes par évaporation d'un litre de vin ; si l'on n'en obtient que 12 grammes, on peut être à peu près assuré qu'il a été étendu de son poids d'eau, car les eaux potables, au lieu de 22 grammes, ne contiennent que 2 grammes au plus de matières fixes par litre.

» J'ai encore mis en usage un autre moyen indirect pour découvrir le mélange d'eau dans des vins vendus à Paris.

» Voici à quel propos : je fus un jour consulté par un commerçant auquel le service de la dégustation avait saisi une grande quantité de vin comme étant fortement mouillé. Il pensait être sûr de défier les analystes, parce qu'il savait que le vin contenait de l'eau. Voici, lui dis-je, trois échantillons de vins décolorés avec du chlore : le premier, je l'ai récolté, il ne renferme que l'eau naturelle ; le second est mouillé, je le sais, car il provient d'une administration qui accuse un cinquième d'eau dans ses coupages ; le troisième est le vôtre. Je verse un liquide dans les trois : avec mon vin, le précipité est à peine sensible ; avec le vin de l'administration, il est très-abondant. Voici le tour du vôtre : versons, le précipité fut si abondant que le liquide parut opaque. A cet aspect, mon homme rougit et me fit des aveux complets.

» Voici l'explication de cette expérience : dans le vin vieux, la chaux est presque entièrement précipitée à l'état de tartrate de chaux. Les marchands de vins qui ajoutent de l'eau dans leur vin la prennent le plus souvent dans leur puits, elle est alors très-chargée de sels calcaires : en y versant une dissolution d'oxalate d'ammoniaque, on obtient un abondant précipité d'oxalate de chaux que ne donnent pas les vins vieux naturels. »

A propos des altérations des vins, M. Payen, le savant chimiste, condamne de la manière la plus formelle l'usage des vases métalliques, surtout de plomb et de zinc.

Quant aux rares falsifications qui peuvent encore être faites des *vins* avec divers jus fermentés et des bois colorants, ils sont à l'instant reconnus par les habiles dégustateurs, et il ajoute : « On a employé pour colorer les vins falsifiés, les sucs de fruits de sureau, d'hièble, du mûrier noir, et des décoctions de campêche, de fernambouc et de pétales de coquelicot. Le meilleur moyen pour reconnaître les matières colorantes, suivant M. Fauré, c'est de rendre le vin très-astringent par le tannin, puis d'effectuer plusieurs collages à la gélatine ; le vin sera promptement décoloré en grande partie, si la matière colorante est naturelle ; dans le cas contraire, la coloration persistera : elle indiquera la présence d'une matière colorante étrangère (1).»

Quand le docteur Fodéré était médecin des princes d'Espagne à Valençay, ce Versailles de M. de Talleyrand, il s'aperçut que les grands vins avaient en général un goût spiritueux et répugnant, et que, bien qu'il n'en bût guère, il ne sortait jamais de table sans des palpitations, du vertige, un cercle autour de la tête et une irritation générale. Effets de la digestion, eussiez-vous dit. Le docteur fit des expériences, et finit par reconnaître que les vins princiers du Cap, de Malaga, de Madère et de Tokai, étaient fabriqués et établis sur place par le sommelier du château.

Et c'est pourquoi, dans le *Grand Dictionnaire des Sciences médicales*, il donne un moyen fort simple de savoir à quoi s'en tenir. Sur un verre rempli d'eau, on met une planchette percée d'un trou par lequel passe et trempe le col d'une fiole renversée, pleine du

(1) Précis des substances, etc., page 455.

vin que l'on veut essayer. Si le vin est naturel, *il n'en tombera pas dans l'eau*. S'il est artificiel, ou s'il a été frelaté par le mélange d'une substance qui le rende spécifiquement plus pesant que l'eau (du sucre, par exemple, en vertu du procédé Chaptal), on le verra se mêler à l'eau et se décomposer, l'alcool s'unissant à l'eau, le sucre et l'extractif tombant au fond du verre ; et comme il en résultera un vide dans la fiole, la pression exercée par l'atmosphère sur la surface de l'eau dans le verre fera monter l'eau dans la fiole (1).

Je terminerai ce chapitre par les extraits d'un ouvrage qui jouit d'une grande autorité dans l'art de guérir (2).

Vinage.

M. Marc a proposé de constater le *vinage* par la déflagration, en jetant le mélange sur un

(1) La Côte-d'Or à vol d'oiseau, par Auguste Luchet. Paris, Michel Lévy frères. 1858, pages 152 et 153.

(2) L'Officine ou Répertoire général de pharmacie pratique, par Dorvault, 7e édition, Paris, 1867.

brasier ardent. L'alcool prend feu et se reconnaît à sa flamme. Mais il faut alors que la quantité ajoutée de ce liquide soit considérable.

Falsification des vins blancs.

M. Mahier se sert d'une lame de fer bien décapée qui se colore vite en noir dans le vin additionné de cidre ou de poiré, tandis qu'elle peut séjourner plusieurs heures dans le vin blanc pur, sans donner trace de coloration.

Coloration des vins.

La potasse caustique fait passer au vert bouteille et quelquefois au vert brunâtre, sans jamais les précipiter, la couleur rouge des vins naturels, et fera virer au violet les vins colorés par les baies d'hièble, au violâtre le suc de mûres, au violet clair le tournesol, au violet bleu le suc de baies de troëne, au rouge violacé le bois d'Inde, au rouge le bois de fernambouc et le suc de betteraves.

M. Blum conseille de tremper dans le vin un morceau de mie de pain ou d'éponge bien lavée, de placer le fragment imbibé sur de l'eau contenue dans une assiette : le liquide se colore immédiatement en rouge, si la coloration du vin est artificielle ; dans le cas contraire, l'eau devient opaline, et ne se colore qu'au bout d'une demi-heure.

Action du vin.

L'action physiologique du vin sur l'économie est, à quelque chose près, à part l'intensité, celle de l'acool. A petites doses, c'est un stimulant, et à hautes doses, c'est un narcotique. On peut dire aussi que les vins ont des propriétés médicinales secondaires selon leur qualité : les vins blancs ordinaires sont diurétiques, les vins rouges sont toniques et sont employés avec succès dans les affections atoniques ; comme boisson de table, et pris en quantité convenable, le vin augmente la chaleur, aide à la nutrition, donne du ton à tous les organes : *Vinum lætificat cor hominis*, dit l'Écriture ; pris en quantité plus forte, il agit sur l'imagination.

En résumant les faits nombreux groupés dans cet opuscule, je pourrai faire comprendre tout le parti qu'il est possible de tirer, dans l'intérêt de l'hygiène et de la santé, du choix des vins alimentaires appropriés au tempérament de chacun.

Les variétés infinies qui diversifient les qualités des vins de récoltes et de provenances diverses, rendent cette appréciation assez difficile; car si tous les vins examinés chimiquement contiennent les mêmes principes, mais en proportions bien differéntes, il existe pour chaque crû un arome, un bouquet, qui échappent à toutes les analyses, et qui varient non-seulement pour chaque espèce de raisin, mais encore pour chaque sol : véritable Prothée, qu'une longue expérience nous apprend seule à saisir.

Comme la plupart des consommateurs ne sont pas familiarisés avec les opérations chimiques, il leur faut chercher, par des moyens à leur portée, les éléments les plus saisissables et les plus faciles à constater dans les vins qu'ils doivent rechercher pour leurs besoins. Pour cela, c'est à la dégustation surtout qu'il faut avoir recours. En la pratiquant avec soin, elle nous indiquera les caractères principaux d'un vin, et l'action que chacun de ses principes pourra exercer sur nos organes. Elle permettra d'évaluer approximativement l'influence de l'alcool, de l'acide acétique, des matières odorantes, du sucre, du tannin, des matières colorantes, des acides libres et des sels divers sur notre hygiène alimentaire.

Quand on aura ainsi reconnu le mérite d'un vin dont l'usage sera avantageux pour la santé, il faudra s'assurer de la continuité d'approvisionnements d'une qualité aussi semblable que possible, et, par les précautions indispensables, maintenir sa bonne conservation.

Nous avons vu tout le parti qu'on pouvait tirer, comme vins essentiellement alimentaires, des vins de coupages, qui ont acquis aujourd'hui une si grande importance commerciale; mais c'est seulement lorsque ces coupages ont été opérés consciencieusement et avec intelligence, qu'ils sont susceptibles d'un emploi hygiénique. A l'appui de cette opinion, je me permettrai d'emprunter aux actes du *Congrès de vignerons de Lyon,* que j'avais l'honneur de présider en août 1846, l'extrait du rapport d'une commission chargée d'aller visiter le célèbre *coteau de l'Hermitage.*

« Le vin rouge des récoltes d'élite est toujours immédiatement enlevé, et quelquefois à très-haut prix (en 1835, à 1,000 fr. les 210 litres) par les bonnes maisons du Bordelais. Ceci n'est pas un secret que nous aurions le regret de trahir : Julien, le comte Odart, les meilleurs œnographes, une foule de mémoires en parlent comme d'un fait notoire. Ils font plus, ils l'approuvent; et certes, nous ne pousserons pas le puritanisme œnologique jusqu'à blâmer l'addition d'une faible partie de vin parfait pour compléter les mérites incontestés d'un vin délicieux. Les mélanges ne sauraient être blâmables et réputés dangereux ou frauduleux, que quand ils sont opérés sans discernement, ou pour violer la loi, ou pour voler le consommateur en le trompant sur la nature et l'origine du vin qu'il croit acheter. .

» Quoi qu'on puisse penser à cet égard, ce n'en est pas moins un immense honneur pour *l'Hermitage* que d'améliorer les meilleurs vins du monde... »

L'opinion des savants les plus compétents sur le mérite hygiénique de nos principaux vignobles, aidera puissamment à leur appréciation par le consommateur ; comme les recommandations relatives à leur conservation feront éviter les altérations auxquelles les meilleurs vins sont exposés. Les falsifications qu'on leur fait subir, ne peuvent être qu'imparfaitement reconnues sans le secours de la chimie. Aussi, pensons-nous, que, dans le doute, il sera bon d'avoir recours à la science pratique du chimiste ou du pharmacien.

En s'inspirant de toutes ces considérations, le consommateur trouvera dans le vin, non-seulement un breuvage agréable, mais encore un puissant auxiliaire de la santé.

FIN.

TABLE ANALYTIQUE

BIBLIOTHÈQUE IMPÉRIALE

PREMIÈRE PARTIE

CONSIDÉRATIONS GÉNÉRALES.

DEUXIÈME PARTIE.

DES VINS AU POINT DE VUE DE L'HYGIÈNE.

TROISIÈME PARTIE.

APPRÉCIATION ET CONSERVATION DES VINS.

QUATRIÈME PARTIE.

ALTÉRATIONS DES VINS.

BIBLIOTHÈQUE IMPÉRIALE IMPR.

Angers. — Imp. E. Barassé.

A LA MÊME LIBRAIRIE.

Les congrès de Vignerons français, par M. GUILLORY aîné, 1 vol. in-8°. . . . . 4 »

Les vins blancs d'Anjou et de Maine-et-Loire, par le même. Brochure in-8°. . . . . 1 »

Les vignes rouges et les vins rouges en Maine-et-Loire, par le même. 1 vol. in-8° avec 5 pl. 2 50

Le marquis de Turbilly, agronome angevin du XVIIIe siècle, par le même. 2e édition, revue et augmentée, avec des appréciations historiques et critiques, par MM. E. Chevreul et P. Clément, de l'Institut. 1 vol. in-12. . . . . 2 »

Le Calendrier du Vigneron, par le même. 1 v. in-12 avec gravures intercalées dans le texte et plans d'une cuverie. 1 50

Essai historique sur le canal de Monsieur, en Anjou, par le même. Brochure in-8°. . . . 1 »

Sur la Viticulture du département de Maine-et-Loire, d'après le docteur Jules Guyot, par le même. Brochure in-8°. . . . . » 50

Guide de l'Apiculteur, par M. DEBEAUVOYS, 6e édition, revue, corrigée et augmentée de deux chapitres sur la fécondation et sur les combats des reines, enrichie de nouvelles gravures. 1 vol. in-12. . . . . . 2 50

www.ingramcontent.com/pod-product-compliance
Ingram Content Group UK Ltd.
Pitfield, Milton Keynes, MK11 3LW, UK
UKHW012023240726
13965UKWH00002B/533